KB198305

마음만은 건축주

마음만은 건축주

윤우영 지음

땅과 공간에 관한
어느 건축가의 이야기

이데아

고통스럽고 찬란한 시간들

그날 광화문의 저녁은 함께한 지인들의 걱정과 응원이 가득했다.

"그냥 있는 그대로 진심을 쓰세요. 땅과 공간을 사랑한 건축가의 진심 있잖아요. 그걸로 충분하지 않겠어요?"

어디까지 솔직하게 쓸 수 있을까. 이 책은 '마음만은 건축주'인 모든 독자들에게 쓰는 글이지만, 무엇보다 그동안 건축가로 살아온 시간에 대한 나의 고백이기도 하다. 내게도, 독자들에게도 이 기록이 땅을 발견하고 사람을 발견하고, 그들이 만들어 내는 공간을 발견하는 새로운 출발이 되기를 진심으로 기대한다.

흑석동의 작업실은 번잡한 골목의 반지하에 있었지만, 항상 햇살이 가득했다. 석양이 깔리던 제도판 위도 그러했고, 밤새고 맞이하던 아침의 창문도 그러했다. 지금은 재개발 아파트 단지가 자리를 잡아 골목은 흔적도 없이 사라졌지만, 시장길을 돌아 이어진 좁고 긴 오르막길의 기억은 여전히 생생하다. 제대하고 복학한 이후 젊은 날의 건축 수업 거의 전부를 그곳에서 듣고 배웠다.

드르륵 문을 열고 몇 단 계단을 내려서면 큼지막한 제도판 두어 개와 잉크가 번진 A1 사이즈의 트레이싱지가 이제 좀 쉬자는 표정으로 우리를 반겼다. 책이 있었고, 술이 있었고, 무엇보다 건축이 뭔지도 모르고 밤새 떠든 동기들이 있었다.

내가 입학했던 1985년은 판도라의 상자가 열리듯 매캐한 연기와 어두운 세상으로 가득했고, 복학한 1990년에도 세상은 여전했다. 혁명가이거나 아니거나를 강요하던 그 시절의 작업실은 문만 닫으면 다른 세상이 되었다.

모든 친구의 아지트였고, 공부방이자 카페였다. 그곳은 그렇게 같이 읽고 같이 글을 쓰던 문청들의 여관방이 되기도 했다. 그곳에서 끙끙거리며 우드록을 잘라 붙이던 오공본드 냄새는 또 어땠는가. 반지하 작업실 위로 낮게 깔리던 골목길의 새벽안개가 설마 그보다 더 짙었을까.

졸업을 앞둔 강의실에는 수시로 대기업에 다니는 선배들이 방문했다. 모두 자신이 다니는 회사에 지원하라는 홍보였고 부탁이었다. 물론 지원한다고 전부 되는 일은 아니었지만, 지금처럼 혹독한 취업난은 없었다. 마음만 단단히 먹으면 얼마든지 대기업 회사원이 될 수 있었다.

대형 건설사의 배지를 달고 3년을 근무했다. 100만 호 주택 건설이라는 기치 아래 일산 신도시는 천지개벽 중이었다. 비포장 2차선 자유로를 달려 해 뜨면 출근하고 해 지면 퇴근했다. 허허벌판 아파트 현장에 10미터가 훌쩍 넘는 콘크리트 파일이 쌓여 갔다. 가설 사무실이 채 마련되지 않은 터라 한낮의 더위는 끔찍했다. 해가 움직이는 방향대로 승용차를 빙빙 돌려 만든 그늘에서 하루 종일 붙어 지냈다. 기초 파일은 바둑판의 검은 돌처럼 현장을 채워 나갔다. 쿵쿵거리는 옆 현장의 파일 박는 소리와 함께 리듬감도 실렸다면, 그 여름의 한낮은 낭만적이었을까.

입주 점검도 끝나고 환영의 플래카드가 한때 논밭이었던 현장을 화려하게 장식했다. 그렇게 아파트 현장 하나를 끝내고 퇴사했다. 계획된 일이었다. 건축 설계 일을 평생 하고자 했고, 그전에 반드시 현장 경험이 필요하다고 생각했다. 그때만 해도 설계사무소 입사가 오래도록 혹독한 시련이 될 줄은 알지 못했다.

아파트 설계를 전문으로 하는 설계사무소였다. 모든 디테일을 그곳에서 배웠으나 아파트 한 가지 용도에만 빠져 있으니, 학교 앞 작업실에서 꾹꾹 다져 온 건축의 갈증을 풀기는 힘들었다. 정신 차리라는 뜻이었는지, 아니면 정말 한번 해보라는 뜻이었는지 사무소 소장은 공모전 참가를 권했다. 4·19 기념도서관의 공모전이었는데, 말단 직원인 나를 팀장으로, 경력자 두 명을 팀원으로 구성했다. 물론 보기 좋게 떨어졌지만, 그 한 달 동안의 야근과 철야는 특별한 기억으로 남아 있다. 어느 순간 초심으로 돌아가자고 다짐할 때면 항상 꺼내 보는 장면이다. 제도판 위의 스탠드 하나였지만, 텅 빈 사무실 전체를 밝히고도 남는 환한 불빛의 한 장면이었다.

건축사 사무소를 개설하고 난 후 모든 시간은 고통스러웠고 또 찬란

했다. 일을 하면 할수록 부채는 늘어났고, 매번 새롭게 주어지는 프로젝트는 그 고통을 잊게 만들었다. 하기야 회사의 대표가 될 때까지 경제관념이라곤 배운 적도, 배울 생각을 해본 적도 없었으니 그 고통은 자연스러웠는지도 모른다. 게다가 그 고통을 잊을 만큼 항상 새로운 땅과 새로운 사람과 새로운 공간이 주어졌다. 그 해법을 찾아가는 시간이 행복했다. 하지만 그렇게 새로운 프로젝트에 집중하고 나면 또 빚이 생겼다. 쳇바퀴 돌듯 20여 년을 보냈다.

광화문 길거리 어디쯤이었을 것이다. 윤 건축사처럼 바쁜 사람도 처음 보고, 그런데도 그렇게 돈 안 되는 일을 좋아하는 사람도 처음 본다고. 돌아보니 모두 떠나고 아무도 남아 있지 않았다. 혼자 일을 하고 있었다. 왜 바쁜지도 정확히 몰랐고, 일을 하면서도 왜 계속 부채가 쌓여가는지 알려고도 하지 않았다. 그날이었다. 그동안 대체 내게 무슨 일이 일어나고 있었는지 알아봐야겠다, 그 과정을 기록해 봐야겠다고 결심한 날이.

말간 얼굴로 마주한 이 기록은 흑석동 작업실에서 밤을 지새우던 젊은 날의 내게 보내는 편지다. 건축 설계를 하며 만난 진심 어린 건축주와 건축주를 가장한 사기꾼들에게 보내는 편지이기도 하다. 그리고 숱한 사연을 가지고 비로소 한 뼘 땅 위에서 사람들을 만나게 된 나의 건물들에 보내는 감사 인사다. 무엇보다 복사지에 갇혀 세상에 나오지 못한 그 많은 스케치에 대한 인사임은 두말할 것도 없다. 이 기록은 그리기만 하던 내게 '건축을 쓰는' 기쁨과 고통을 동시에 안겨준 시작이며, 땅과 사람과 공간이 함께 만들어 내는 '설렘'을 알게 해준 첫걸음이

기도 하다.

그동안 건축설계를 하며 만난 모든 사람은 둘 중 한 곳에 속해 있었다. 이미 건축주인 사람이거나 앞으로 건축주가 될 사람이었다. 이 책은 그들과 함께한 아슬아슬하고 유쾌하고 또 힘들게 싸운 기록이기도 하다. 여덟 가지 이야기로 구성된 이 책은 모두 서로 다른 용도의 건축 이야기처럼 보이지만, 실은 하나의 이야기다. 하나로부터 모든 이야기는 시작된다. 땅을 바라보는 마음이다. 세상의 모든 땅은 저마다의 개성을 가지고 있다. 건축의 모든 문제를 풀어 줄 해답 역시 그 땅이 가지고 있다. 그 땅에 보내는 박수갈채의 이유를 미처 우리가 발견하지 못한 것일 뿐이다. 땅을 바라보는 건축주 역시 마찬가지다. 자신의 마음에 숨겨진 땅에 대한 진심을 미처 깨닫지 못한 것일 뿐이다.

이 책이, 아직 '마음만은 건축주'인 모두에게는 투자와 투기가 아닌 애정과 생명으로 땅을 바라보는 첫 순간이 될 수 있기를 바란다. 그리고 이미 건축주인 사람들에게는 자신의 땅이 자기에게 건네는 내밀한 이야기를 알아차리는 순간이 되기를 바란다.

건축을 쓰는 동안 딸아이는 목련이 터지듯 청춘이 되었다. 이제 서로의 어깨를 두드리며 함께 성장할 것이다. 동반자가 될 딸에게 미리 고맙다는 말을 전한다. 너는 나의 힘이다. 사랑한다.

빈 공간이 돈이 되나요?
○○ 병원 이야기·263

마당 깊은 집

단독주택 주거단지 이야기

마당이
있어야 해요

마당 깊은 집

단독주택 설계를 의뢰받으면 가장 먼저 떠오르는 생각이 있다.

오래전 읽었던 김원일 작가의 소설 《마당 깊은 집》. 분단 상황으로 홀어머니와 살게 된 주인공의 성장소설이다. 말 그대로 마당을 가운데 두고 주인집과 세 들어 사는 네 가구의 고단한 삶의 이야기가 힘겨운 시대를 배경으로 펼쳐진다. 소설의 내용은 드문드문 기억나지만, 그에 비해 소설의 맨 끝 장면은 생뚱맞은 궁금증으로 기억된다.

아마 부자의 반열에 들어선 주인집이 아래채의 세입자들을 내쫓고 그 마당을 돋우는 공사를 시작하는 장면이었을 것이다. 책을 덮고 나서도 계속 궁금했다. 저런 이야기가 쌓이는 마당은 가로세로 얼마만 한 크기일까? 잔디가 깔렸을까? 아니면, 흙마당에 우물이 있었을까?

무엇보다 제목 '마당 깊은 집'의 '깊은' 이란 말이 참 잘 어울리는 소설이라는 생각을 했다. '깊다'라는 말이 설마 집의 입구에서 마당까지 가는 폭과 길이를 뜻하겠는가. 마당을 가운데 둔 모든 이들의 삶의 이야기가 차곡차곡 쌓였으니, 그 이야기를 보듬은 '깊이'라는 말일 것이다.

예전에 주말연속극에서 흔히 보았던 장면을 생각해 보면, 그곳에는 어김없이 마당이 있었다. 거의 모든 이야기가 마당에서 시작되었고, 마당을 중심으로 각 방의 개구부開口部가 열려 있었다. 러닝셔츠 차림의 집주인은 밤마다 맨손 체조를 했고, 세 들어 사는 총각과 노처녀 딸은 마당에서 아슬아슬한 만남을 이어 갔다. 그곳은 모든 이야기의 시작이었다.

주택을 짓고자 하는 건축주는 대부분 첫 번째 이유로 스스럼없이 마당을 꼽는다. 그때마다 김원일의 소설을 떠올리곤 했다. 마당 깊은 집을 제안하고 싶었다.

이번에 의뢰받은 건은 하나의 부지에 19세대의 단독주택을 짓는 일이었다.* 이미 2층 규모의 단독주택 19세대를 허가받은 상태로 의뢰가 들어왔다. 드문 일이다.

오른쪽의 도면은 위에서 내려다본 그림이다. 가운데 주차장을 중심으로 직사각형의 동일한 평면으로 두 세대, 세 세대, 다섯 세대, 여섯

---

* 공동주택을 짓는 일은 규모에 따라 건축 허가를 받거나 사업 승인을 받는 절차로 구분된다. 당시의 건축법에 따르면, 20세대 이상일 때 좀 더 엄격한 허가 조건을 맞추는 사업 승인 절차를 밟아야 했다. 따라서 소규모 공동주택은 대부분 19세대를 넘지 않았다. 현재는 사업 승인 대상을 30세대 이상으로 완화하여 적용하고 있다.

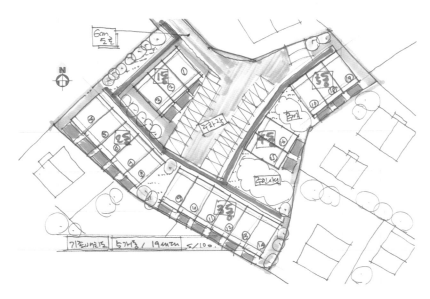

기존의 허가받은 배치도

세대씩 단독주택을 합벽으로 붙여서 단지가 구성되어 있다. 1층과 2층이 각각 20여 평(약 66제곱미터)씩이고, 맨 위를 다락으로 구성했다. 세 개 층을 쓴다고 보면 단독주택으로서 규모도 적절해 보였다. 언뜻 가장 효율적인 배치로 보인다. 같은 타입이니 공사비 등도 적게 들 것이고, 동남향·남향 등 주택의 방향도 좋아 보인다.

하지만 마당이 없다는 말로 건축주는 불만을 대신했다. 이곳 단독주택에 들어오는 사람들은 대부분 30~40대의 젊은 부부로 아이가 한둘 정도 있는데, 무엇보다 작게나마 마당이 있는 집이어야 했다.

마당을 만들어 달라는 설계 요구가 처음과 끝이다. 건축주로서는 두

번 설계비를 지출하는 일이니 쉽지 않은 결정이었고, 그만큼 마당의 요구가 건축주에게는 중요해 보였다. 집을 파는지 못 파는지에 중요한 단서인 셈이다.

현대 주택에서 마당이란?

우리나라 현대건축에서 마당은 하나의 거대한 담론을 형성하고 있다.

동양과 서양에서 마당이 지닌 의미가 다르고, 우리는 지리적으로 가까운 일본과도 또 다르다. 우리의 전통 주택은 대부분 조선 시대 양반 가문의 한옥을 기반으로 한다. 전통 한옥의 마당을 이야기할 때 '비어 있음'의 의미를 중요하게 말하는 이유도 거기에 있다. 그것은 곧 여유로움일 터인데, 마당을 중심으로 모든 집의 모든 이야기가 시작된다.

그에 비해 일본의 마당은 가꾸고 바라보는 마당이다. 일제강점기 시절 일본의 관리자들이 살았던, 지금도 남아 있는 군산의 적산가옥을 보면 그 기억이 오롯이 남아 있다. 일본의 그것은 잘 그려진 동양화 한 점처럼 꽃과 돌과 연못이 마당을 꼼꼼히 채우도록 디자인한다. 일본의 마당에 비해 우리의 마당은 비어 있는 공간으로서의 마당이다. 안방과 건넌방, 마루가 하나의 공간으로 계획되듯이, 마당 또한 그렇게 또 하나의 공간으로 구획되는 것이다.

하지만 마당이 가지고 있는 이 모든 이야기는 그 시절, 그 시대의 이야기인 것이다. 전통 한옥의 마당을 재현하겠다고 하는 현대 주택의 이야기가 주목받지 못할 뿐 아니라 때로 실패하는 이유가 있다. 한정된 토지 안에서 모든 공간을 디자인하고 남는 면적, 그 자투리땅을 조경으로 가꾸는 것으로 마당을 한정하기 때문이다. 즉 마당을 처음부터 하나의 공간으로 디자인하지 않기 때문이다.

현대의 주택은 쓰임새가 다르고, 마당이 다르다. 땅은 작고 그 안에 담아야 할 기능은 넘친다. 공사비는 또 어찌하겠는가. 모든 제안은 공사비와 직결된다. 무시할 수 없는 조건이다.

이 열악한 조건을 모두 해결하며 제안된 단독주택이 이른바 '땅콩주택'이다. 가운데의 벽 하나를 양쪽의 두 세대가 공유하고, 2층 규모로 올리는 단독주택이다. 거실의 전면에는 작지만 마당을 갖게 되었고, 무엇보다 최소한의 대지를 활용하고 공사비도 효율적이니 단독주택의 한 가지 대안으로 떠올랐다.

19쪽의 기존 배치 역시 이러한 대안의 범주 안에서 매우 충실하게 계획된 배치안임은 틀림없다. 같은 타입의 단위세대가 두 개, 세 개 혹은 다섯 개가 나란히 붙어 있으니 공사비 면에서도 효율적이었다.

넉넉하지는 않아도 자기만의 마당을 자랑하는 전원주택이 노후의 꿈이었던 시절, 서울 근교에서 작게나마 마당이 있는 집은 충분히 사람들의 호기심을 자극했고, 나름대로 성공적인 주택의 형태로 보였다.

하지만 합벽으로 만들어진 두 세대 이상의 단독주택을 지금은 찾아보기 어렵다. 이유는 매우 간단하다. 그 시도가 결국 사람들이 생각하는 마당의 가치에 미치지 못했기 때문이다. 공동주택의 마당은 여러 세대가 함께 공유하는 개념이다. 가운데 마당을 두고 사방으로 단독

세대가 모여 있는 모양이다. 하지만 단독주택을 꿈꾸는 사람들은 모두 자기 가족만의 특별한 마당을 원한다. 합벽으로 만들어진 두 세대 이상의 앞마당은 그 독립성이 보장되지 못한다. 각각의 거실 전면에 만들어진 마당이 줄지어 일렬로 서 있는 셈이니 방해받지 않는 여유로운 사색의 공간은 생각지도 못한다.

현대 주택에서 마당은 분명 전통 한옥의 마당과는 다르다. 그 여유로움을 담보할 수는 없는 노릇이다. 하지만 그렇다고 해서 주택의 기능을 확보한 후에 남는 외부 면적을 마당으로 할애하는 건 더더욱 해답

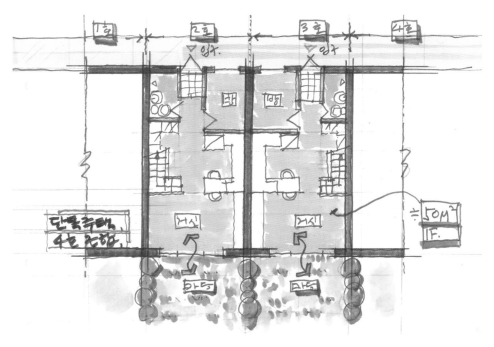

단독주택 4호조합 예시(땅콩주택)

이 될 수 없다.

거실이 하나의 공간으로 계획되어 다른 방들과의 관계를 형성하듯이, 마당 또한 그렇게 계획되어 집과의 관계를 만들어 가야 한다. 계획하고 남아 있는 면적이었으니 공간의 성격도 불분명했을 것이고, 마당을 중심으로 뭔가 가족 구성원의 새로운 이야기가 쌓이지도 못했을 것이다.

마당은 창문이 없는 또 다른 거실이다.

왼쪽의 그림에서 보듯이, 하나의 단독주택은 마치 복도식 아파트의 단위세대처럼 이웃집과 벽체를 공유하며 나란히 붙어 있는 형상이다. 알다시피 판상형 아파트의 경우 집의 양쪽은 창이 없는 벽으로 이루어져 있고, 전·후면의 창을 통해 채광과 환기를 해결하고 있다.

거실의 전면에 나란히 각각의 주택 마당이 놓여 있으니 공사 및 배치의 효율은 좋을지 몰라도, 사용자들이 원하는 마당에는 미치지 못한다.

머리를 맞대고 오랜 시간 이렇게 이야기하다 보니 설계를 다시 의뢰한 건축주도, 의뢰받은 나도 난감하기는 매한가지였다. 이 빡빡한 땅에서 원하는 마당이 현실적으로 가능하겠는가.

그럼에도 모든 땅은 저마다의 해답을 가지고 있다는 생각으로 새로운 '마당'의 단독주택을 만들어 보기로 했다.

하늘이
열린 방,
마당

**아이들이 그린
'내가 살고 싶은 집'**

그럼 이번 프로젝트와 같은 현대 주택에서의 마당은 어떻게 디자인되
어야 하는가. 안방과 거실을 배치하듯 벽의 구획은 없으나 하나의 공
간으로 설계되어야 한다는 점에 우선 합의했다. 이번 사례는 하나의
필지에 한 채의 주택이 지어지는 일반적인 단독주택의 형태와는 또 다
르다. 여러 채의 단독주택이 모여 하나의 큰 주택단지가 만들어지는 것
이다. 그것이 주차장을 공유하고 출입 동선을 공유하되 하나의 마당을
온전한 독립 공간으로 갖는 디자인이 필요한 이유다.

  딸아이가 다니던 초등학교의 방과후 수업을 맡아 본 적이 있다. 어린
아이들에게 건축 이야기를 쉽게 전해 주고 싶었고, 무엇보다 아이들이

생각하는 집 이야기가 사뭇 궁금했다. 그러던 어느 수업 시간에 아이들에게 지금 살고 있는 집을 그려 보자고 했다. 일산 신도시 한복판의 초등학교였으니 아이들은 대부분 비슷한 규모의 아파트에 살고 있었고, 간혹 단독주택에 살고 있는 아이도 있었다.

내심 기대했던 건 지금 살고 있는 집의 방과 거실과 주방의 크기를 그림으로 느껴 보게 하는 것이었는데, 아이들 대부분이 아파트의 겉모습을 그리기 시작했다.

하기야 아파트에서 태어나서 자라고 있으니 너무나 당연한 이야기였다. 반듯한 콘크리트 덩어리에 촘촘히 창문들이 뚫렸다. 그나마 다행인 점은 아파트의 조경이 조금은 과장되게 회색 콘크리트 주변에 그려져 있었다는 것이다. 실제와는 전혀 다른 풍성하고 아름다운 나무와 숲의 모습으로 말이다.

단독주택에서 살고 있는 한두 아이의 그림도 예상을 훌쩍 뛰어넘었다. 흔히 보는 금속 기와의 경사 지붕과 파스텔 톤의 스투코stucco(드라이비트) 마감 외벽 건물일 줄 알았는데, 모두 정원 그림이었다. 꽃과 잔디와 나무가 전면에 있고, 그 뒤로 보일 듯 말 듯 집의 그림이 있다. 아이들은 고민 없이 대답했다. "우리 집 정원이 좋아요."

사실 일산 신도시의 단독주택은 하나의 필지가 200제곱미터(60여 평) 정도로 구획되어 있어 빼곡하게 진열된 느낌을 지울 수가 없다. 1층을 100제곱미터(30여 평) 정도로 계획하고, 집 주변으로 1미터 이상을 띄워 보자. 필지 안에 주차장도 확보해야 하니 집의 마당으로 쓸 수 있는 공간은 기껏해야 20제곱미터(6평) 정도가 고작이다.

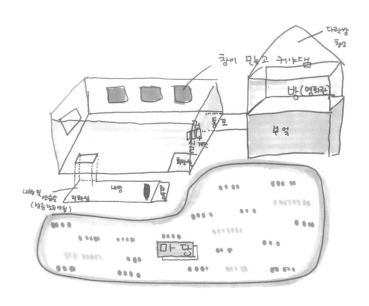

아이들이 그린 '내가 살고 싶은 집'

하지만 크기가 중요하지는 않다. 이야기가 풍성해지면 마당의 크기도 그에 비례해서 한없이 커지는 법이다. 넓은 잔디 마당이 있고, 수영장이 있고, 매일 밤 소란스러운 파티가 열린다고 해서 '마당 깊은 집'이 되겠는가. 텃밭이든 데크 위의 식탁이든, 그곳에서 쌓여 가는 이야기가 마당의 깊이를 결정할 것이다.

더 재미있는 사실은 살고 싶은 집을 그려 보자는 시간에 아이들 모두가 빠짐없이 꽃과 나무와 들판에 놓인 집을 한 채씩 그리고 있었다는 것이다. 거실과 방을 그리고 난 뒤에는 어김없이 널찍한 마당을 그렸다.

나도 유년 시절에 단독주택에서 지낸 '마당'의 기억을 간직하고 있다. 폭이 8미터 정도 되는 오르막 도로에 비슷한 규모의 단층 단독주택들이 접해 있었다. 대문을 열고 들어서면 오른쪽 담벼락으로 장미 덩굴이 가장 먼저 눈에 들어왔다. 현관까지 가는 길의 왼편으로 꽤 넓은 마당이 있었는데, 마당 한가운데 원형으로 꾸며진 바닥 블록도 기억난다. 그 위로는 화분에 심어진 고무나무가 언제나 집의 중심에 있었다.

지금 생각하면 단독주택의 그 '마당'은 특별할 것이 없었다. 바닥을 꾸민 패턴은 서양의 마당과 닮았고, 고무나무가 있는 화분과 담벼락을 따라 가꿔진 조경은 나중에 군산에서 보게 된 적산가옥의 마당과도 꽤나 닮아 있었다. 더군다나 한국의 전통 주택에서 배우는 비어 있는 공간의 마당은 어디에서도 찾아보기 어려웠다.

하지만 그 시절이나 지금이나 마당은 있는 것만으로도 우선은 고마운 공간이다. 현관을 열고 들어가 마주하는 집의 내부도 어렴풋이 기억나긴 하지만, 그 시절 집에 대한 모든 기억은 마당에서 시작해서 마당으로 끝난다.

나만의 마당은
가능한가?

이제 현실로 돌아와 이번에 계획하게 된 땅을 살펴보자. 일반적으로 검토하면 한 층에 25~30평(80~100제곱미터)의 주택이 네 개 층으로 이루어진 다세대주택이 가장 적정해 보인다. 한 동에 네 세대씩 네다섯 개의 동을 배치하고, 1층 부분은 필로티 구조로 만들어 주차 문제를 해결하면 될 일이다. 사실 이번 현장 주변으로 이와 비슷한 구조의 다세대주택이 꽤 많이 들어서 있었고, 또 공사 중인 곳도 있었다. 그만큼 수요가 있다는 말이고, 이 정도의 계획이라면 크게 실패하지 않을 것으로 보였다.

그럼에도 건축주(발주처)의 생각은 달랐다. 당시 유행한 분양 슬로건이 있다. "우리가 분양하는 주택은 도시에서 농사를 지을 수 있는 마당을 함께 드립니다." 단독주택을 이어 붙인 공동주택 분양이 땅콩주택이라는 별명으로 인기를 끌고 있었다.

사실 건축주가 요구하는 마당은 어려웠지만 단순했다. 기존에 허가받은 배치보다 훨씬 더 독립적인 마당을 원했다. 주택단지의 모든 사람이 공동으로 쓰는 마당이 아니라 상추를 키우고 아이들이 모래 장난을 칠 수 있는 그런 마당을 원했다. 계산기를 두드렸다. 기존 배치안에서 건물의 면적과 주차장 면적을 제외하면 단순 계산으로 마당 전체의 면적이 나온다. 그 정도면 N분의 1로 나누더라도 꽤 넉넉한 마당을 가질 수 있다는 계산이 나온다. 하지만 현실적으로 불가능한 계산이었다. 아파트 단위세대를 이어 붙이듯 단독주택을 만들어 간다면 건물이 반듯반듯한 형태가 될 것이고, 그에 비해 땅의 모양은 불규칙한 형태로 남아 있으니 각 세대의 마당이 일정한 면적과 형태일 리 없다. 건축주가 원하는 땅콩주택 스타일로 공사비 면에서 가장 효율적인 주동(여러 세대가 모여 있는 한 개의 동) 배치를 한다면, 결국 일정 면적의 마당과 하나의 독립된 공간인 마당 모두 불가능한 일이 된다.

마당에 대한 이야기로 몇 차례 모임이 계속될수록, 내심 '이건 좀 어렵겠구나' 하는 생각을 지울 수 없었다. 게다가 사용자의 눈높이는 생각보다 빠른 속도로 높아져 이미 더 나은 주택을 요구하고 있었다. 논의를 거듭할수록 이번 사업의 경쟁력에 의문이 들었다. 안일한 생각한 번으로 사업을 망칠 수도 있다. 성공적인 분양을 위해서라도 사용자보다 한발 앞선 전략이 필요했다. 사용자가 원하는 새로운 컨셉의 마당이 필요했다. 내게 설계를 의뢰한 핵심 이유였다.

하지만 단 한 가족을 위한 주택을 짓는 것이 아니라 분양을 목적으로 짓는 공동주택이었다. 성공적인 분양을 위한 첫 번째 요건은 가격과 규모다. 토지대와 공사비를 고려하여 이미 적정 분양가가 결정되어 있고, 분양 면적도 정해져 있다. 의뢰받은 토지에 이미 결정된 규모로 19세대를 배치하고 단지 내 주차장을 확보하면, 그리고 이런저런 부대시설을 더 배치하고 나면 세대별로 마당을 확보하는 일은 요원한 일로 보인다. 그러나 모든 문제가 그 땅에 있듯이, 해결 방법 또한 그 땅에 있을 것이다.

이 땅에서만,
'따로 또 같이 마당'

모든 땅은 저마다의 특징을 가지고 있다. 그 특징이라는 것이 언뜻 보기에는 단점일 수도 있고, 장점일 수도 있다. 하지만 좀 더 고민해 보면 그 모든 장단점은 그 땅만이 가지고 있는 유일한 모습이다. 언제든지 단점이 장점으로, 장점이 단점으로 태세 전환할 수 있다. 획일적인 단위세대 평면 구성에서 조금만 벗어나 보자. 대지의 형태에 따른 다양한 단위세대 구성을 생각한다면 분명 방법이 있어 보인다. 건축가나 시공자나 분명 필요 이상 수고를 해야 한다. 그 불필요한 수고에 해답의 실마리가 있다.

　명함 형태의 직사각형을 생각해 보자. 그 안에 거실과 주방과 방 등 주택의 기능이 모여 있는 단위세대다. 이 명함 여섯 장을 나열하는 방법은 몇 가지나 될까? 나란히 일렬로 두는 방법뿐 아니라 튀어나오고 들어가고 하는 요철 형태도 있겠다. 조금 더 생각을 연장해 보자. 여섯 장을 잘 섞어 보면 그들이 부딪히는 중간중간에 빈 공간이 생겨난다.

　오른쪽의 그림에서 A타입이 이번 배치의 핵심 컨셉이다.

　각 세대의 평면 계획을 조금씩 다르게 구성해서 거실 전면의 마당을 독립적인 공간으로 계획하고자 했다. 이웃 세대의 측벽을 내 마당의 담으로 사용하기도 하고, 어긋나게 배치된 이웃의 마당에서는 두런두런 소리가 들리기도 한다. 가장 중요하게 생각한 건 각 세대의 프라이버시와 마당의 기능이다. 마당이 야외 식당이 되기도 하고, 때로는 잘 꾸며져 바라보면 '힐링'의 공간이 되기도 할 것이다.

이런 배치의 컨셉은 사실 정방향의 토지에 구성되는 대단지 주거에서는 불필요하다. 하지만 A타입을 둘러싼 외곽 대지 경계선이 꺾인 채 구성되어 있다. 각각의 마당이 필요하다는 요구와 대지의 조건이 맞아떨어졌다. 정방향의 반듯한 대지에 저런 배치를 하고 나면 어설프게 남아도는 외부 공간이 생기게 된다. 마당도 아닌 자투리 공간이 남게 되

위 배치도의 녹색 부분이 각 세대의 마당이다.

는 것이다.

아래 스케치는 한 건물로 세 세대가 구성된 모습이다. 각 세대의 거실과 식당이 조금씩 다른 위치에 다른 동선을 가지고 배치되어 있다. 그래서 각 세대의 마당은 자연스럽게 프라이버시를 확보할 수 있게 되었다.

각 세대 모두 1층에 거실과 주방, 작은방을 배치하고 안방과 나머지

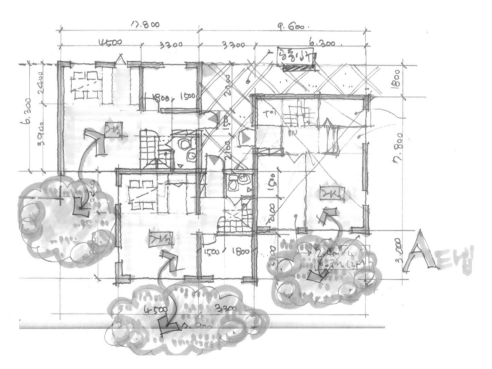

A타입 1층의 스케치안이다.

기능을 2층에 배치했다. 들여다보면 각 세대의 단위 평면이 같으면서도 조금씩 다르다. 거실의 전면으로 나가면 서로 다른 작은 마당이 독립적으로 구성되어 있다. 주차장과 현관 입구를 공유하되 독립적인 마당을 갖는 컨셉의 디자인이다.

처음부터
다시 생각하자

문제는 세 가지 주택 형태 중 B타입과 C타입이었다. A타입의 배치 컨셉처럼 다양한 조건의 마당을 확보하기는 불가능했다. 토지의 면적이 우선 턱없이 부족했고, A타입을 배치하고 남은 토지의 모양은 반듯했다. A타입과 같은 다양한 형태의 마당을 제안하기 어려웠다. 그나마 A타입의 여섯 세대를 배치할 수 있었던 것이 다행이었다.

B타입은 그래도 각 세대 전면에서 ㄱ 자로 꺾인 평면 구성을 통해 어느 정도 프라이버시를 확보한 마당을 배치할 수 있었다. 하지만 C타입의 공간에는 B타입을 적용하기도 어려웠다. 그 대신 앞서 이야기한 땅콩주택의 모습으로 겨우 사업 세대수를 확보할 수 있었다. 이걸 다행이라고 해야 하다니.

건축주는 이 정도면 충분히 분양할 수 있을 거라고 자신했다. 타깃이 도심 외곽 지역의 아파트에 거주하는 30~40대에 초등생 자녀가 한둘 있다면 틀림없이 작은 마당이 있는 이런 주택에 오고 싶어 할 거라는 이야기였다.

하지만 내게 B타입과 C타입의 그림은 계속 '이건 답이 아닌데' 싶었다. 사업 일정은 늘 빠듯했고, 위 배치도를 기본으로 설계에 속도를 내기 시작했다. 이제 어느 정도 평면 계획안은 완성되었고, 기계·전기·구조 등 협력사에 도면을 넘길 일만 남아 있었다.

"외부 조명은 어떻게 할까요? 이런 건물 형태라면 외벽을 비추는 간접 조명이 낫지 않을까요? 아니면 마당의 조경 속에 숨기는 건 어떨까요?"

"설비 배관도 하나 더 마당에 필요하겠어요. 주차장하고 같이 쓰도록 할까요?"

매스mass 스케치(설계 개념을 반영한 건물의 형태와 공간 스케치)를 하고 외벽 마감재를 고민하는 단계에서도 줄곧 뭔가 소화불량이라도 걸린 것처럼 개운하지 않았다. 이른바 땅콩주택 거실 앞의 자투리 마당을 이번 프로젝트의 해법으로 보기는 어려웠다. 그러니 협력사와의 미팅도, 시공사와의 미팅도 활기차게 하지 못했다.

마당이 꼭
1층에 있으란 법이 있나?

'마당이 꼭 1층에 있으란 법이 있나?' 언제 그런 생각이 들었는지, 누구와의 미팅에서였는지 기억나지는 않는다. 물리적으로 거실 앞의 마당을 갖지 못한다면, 그런데 꼭 마당을 갖고 싶다면 집 안 어딘가에 마당을 마련하면 되지 않을까? 마당도 하나의 공간으로 디자인한다면, 그 공간이 꼭 외부에 있을 필요가 있을까? 하늘이 열린 마당 공간을 집

안으로 들여놓자고 생각했다.

방과후 수업에서 아이들이 그린 '살고 싶은 집'은 어땠을까? 걸어 다니는 집도 있었고, 우주의 어느 별에서 지구를 바라보는 풍경의 집도 있었다. 그런데 어느 곳에나 마당이라고 적어 낸 공간이 있었다. 아이들의 마당은 그랬다. 뛰어놀 수 있는 곳이라면 그곳이 어디든 상관없어 보였다.

마당이 꼭 1층에 있으란 법은 없다. B타입과 C타입의 경우 각 세대에 독립적인 마당을, 그것도 충분한 면적을 확보해서 구성하는 것이 물리적으로 불가능했다. 합벽으로 나란히 배치할 수밖에 없는 구조라면 각 세대의 프라이버시는 더더욱 확보하기 힘들다. 마당을 구성하는 다른 방법이 필요했다.

각 층에 두는 발코니며 테라스라면 아주 새로운 생각은 아니다. 하지만 단독주택의 마당을 생각하며 2차원의 평면에서 줄곧 디자인을 하고 있었고, 그 상상에서 벗어나지 못한 탓이었다.

몇 번의 미팅 끝에 우리는 해답을 찾아가기 시작했다. 마당의 일부를 2층과 다락에 나눠 구성해 보자는 제안이었는데, 이때 각 층의 마당은 거실이나 방과 같은 하나의 공간으로 계획되어야 한다. 주택의 내부 공간을 구성하고 남는 면적이라면 주말농장의 텃밭으로 충분하지 않을까? 창문이 없는 거실과 하늘이 열린 방의 그림이 그려지기 시작했다.

다음 스케치안의 2층 평면을 들여다보면 중정으로 표기된 공간이

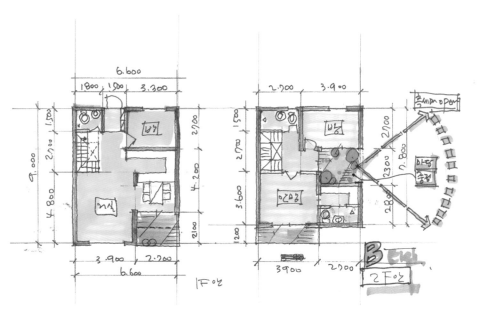

B타입의 1층과 2층 스케치안이다.

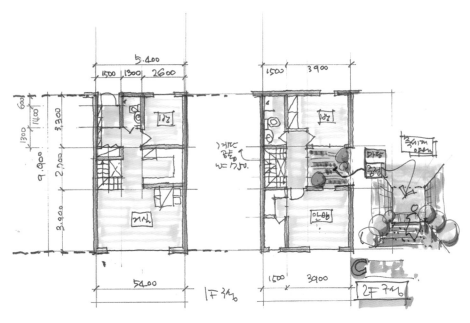

C타입의 1층과 2층 스케치안이다.

있다. 이 공간은 하늘이 열려 있다. 비도 내릴 것이고, 눈도 내려 쌓일 것이다. 내 방과 하늘만 연결된 작은 마당이 될 것이다. 문을 닫고 이곳에 들어간 사춘기 아이의 고민은 조금 평화로울지도 모르겠다. 물론 마당이라고 불리기에는 턱없이 작은 공간일 수도 있다. 하지만 공간의 크기는 그곳에서 일어나는 이야기들로 다시 결정된다.

계단을 따라 한 층 더 올라가면 다락 층이다. 2층 바닥 면적의 절반가량을 다락 공간으로 활용하고 나머지는 다락의 문을 열고 나가는 테라스(마당)가 된다. 물론 그곳 테라스에서 내려다보면 2층 중정(마당)이 아래에 있다.

두 타입 모두 1층의 거실과 식당이 전면 마당에 인접해 있다. 식당 문을 열면 곧바로 마당인 셈이다. 크지 않다. 다만 가족이 모두 모여 야외에서 식사를 할 수 있는 딱 그 정도의 크기다.

프라이버시가 확보될 수 있는 크기 정도로만 구성하고 나머지 마당은 2층과 다락 층에 배치했다. 여긴 우리가 일반적으로 알고 있는 마당과는 완전히 다른 세상이다. 어쩌면 이곳에서 상상하지 못한 많은 이야기가 일어나지 않을까.

처음 이번 계획안을 시작하면서 기록한 컨셉이 있다. 남는 외부 공간을 마당으로 할 일이 아니다. 안방과 거실을 계획하듯 하늘이 열린 하나의 공간으로 마당도 계획하고자 했다.

다음 쪽의 그림은 최종 조감도. 맨 아래 오른쪽 A타입 주거동에는 대지 경계선을 따라 요철 형식처럼 세대별 독립된 마당이 있고, 다락에 면한 테라스(마당)가 있다. 오른쪽 위는 B타입 주거동이다. 각 세대 거실을 중심으로 'ㄱ'자 형태의 작은 마당이 있다. 다락에 면한 테라스(마당)에서 내려다보이는 2층의 중정(마당)이 부족한 마당을 대신하고 있다. 왼쪽 주거동은 C타입이다. 각 층에 나눠진 마당의 컨셉을 볼 수 있다.

B타입

C타입

A타입

조감도

악마는
디테일에 있다

꿈꾸는 마당,
우여곡절 끝에 공사는 시작되고

"소장님! 그런데 이 시점에 또 새로운 안을 제안하는 것이 맞을까요? 벌써 충분한데요."

"이미 건축주도 오케이 했고 협력사들 작업도 엄청 진행된 상황이잖아요. 다음 달까지 허가받기로 약속까지 하셨고요."

건축 계획의 변경은 언제나 후폭풍이 심하다. 게다가 협력사들은 이미 납품 일정에 맞춰 작업에 속도를 내고 있었고, 지금은 변경보다는 도면의 완성을 위해 디테일에 온 신경을 집중할 때다. 회의 시간에 터져 나온 불만은 당연했다. 사업 일정은 이미 완성되어 달려 나가는 일만 남았으니, 지금부터는 하루하루가 수익과 직결되기 때문이다. 이쯤

이면 모든 의사 결정은 단순한 건축 계획 변경 이상을 의미한다. 게다가 건축주의 요청에 따른 변경도 아니고, 사업 이익을 위한 다른 관계자의 제안도 아니다. 이미 결정된 일에 대한 건축가의 또 다른 제안이니 그 의사 결정은 더욱 복잡해진다.

'괜한 문제를 만드는 것은 아닌지.'

'이미 결정된 계획안이고, 분양 시장에 대한 조사도 마치지 않았는가. 나중에 혹시 사업에 문제가 생기면 이번 제안으로 심리적 책임을 질 수도 있지 않은가.'

나 스스로를 설득해야 했고, 팀원들과 뜻을 같이하기 위해서는 좀 더 설계안을 검토해야 했다. 분명한 확신이 필요했다. 설계안뿐 아니라 현재 '단독주택단지'의 분양 시장에 대한 검토도 해야 했다. 단순하게 '마당이 필요해' 정도로 계획안의 필요충분조건을 마무리할 수는 없는 노릇이었다.

시장 상황에 대해 잠시 생각해 보자. 일산과 분당 신도시에 대규모 아파트 단지가 보급되면서 택지개발지구에는 처음부터 일부 단독주택 전용 필지가 계획되었다. 그때까지 단독주택은 한적한 시골의 전원주택이거나 구도심의 오래된 주택이 대부분이었으나 신도시의 보급과 함께 단독주택의 수요도 늘어갔다. 단독주택 필지 공급 당시의 토지 가격이 2~3년 사이에 두 배 이상 오른 것만 봐도 사람들에게 단독주택에 대한 갈증이 있었음을 알 수 있다. 하지만 여전히 단독주택 가격은 아파트에 비해 월등히 높았다. 택지개발지구처럼 상하수도, 도로, 전기 등의 기반 시설이 마련되어 있고 주변의 인프라를 활용할 수 있다면,

그 차이는 더욱 선명해진다. 쉽게 접근하기 어려운 주택인 것이다.

그 후 신도시 주변으로 중소 규모의 아파트 단지가 개발되면서 상황은 바뀌기 시작했다. 일산에 인접해 있는 운정 신도시가 그 예다. 운정의 아파트 단지가 성공적으로 분양 시장을 이끌면서 주변에서도 개발 붐이 일었다. 특히 관리지역이나 녹지지역의 토지를 매입해서 단독주택단지로 개발하기에 이르렀고, 확실한 수요층을 형성했다.

단독주택에 대한 갈증, 마당에 대한 막연한 꿈을 이루기에 이보다 적절한 경우도 찾기 힘들었다. 주변에 아파트 단지가 인접해 있으니 기반시설이나 근린상가 등의 인프라도 좋았으며, 무엇보다 아이들의 교육 환경이 좋았다. 시골의 전원주택을 선망하지만 가장 치명적인 결함은 교육 환경이니 그도 그럴 만하다. 가장 결정적인 것은 가격 경쟁력이다. 우선은 신도시의 아파트를 매입해서 들어가는 가격과 같거나 조금이라도 낮아야 한다. 신도시의 아파트를 전세로 돌리고 그 금액에 맞는 주택으로 이사하는 선택도 있다. 아이들이 초등학생이라면 마당이 있는 집에서 키우고 나중에는 다시 신도시의 아파트로 이사한다는 계획이다.

단독주택에서 아이들을 위한 마당은 '주말농장'이라고 불리는 텃밭 역할을 하는데, 주차장 한 대 크기인 2.5미터×5미터 정도다. 거실 앞에 이 정도 크기의 마당이라면 더할 나위가 없다. 이른바 땅콩주택이라고 불리던 당시 주택단지의 성공은 이런 수요를 정확히 파악한 덕분이었다. 하지만 그런 마당에 대한 욕구는 시간이 지나면서 더 다양해졌고, 뭔가 새로운 스케치가 필요해 보였다.

"소장님! 저는 이번 변경안 찬성입니다. 마당을 새롭게 해석해서 적용하는 게 맞을 것 같아요."

팀의 토론은 격렬했다.

"텃밭이 마당일 수는 없죠. 크기가 문제가 아니라 그곳에서 뭔가 다양한 일들이 일어날 수 있도록 그렇게 설계하는 게 맞죠."

"설계안이야 저도 찬성이지만 이 많은 문제를 어떻게 하시려고요. 시간은 또 얼마나 더 걸릴 것이며, 설계비는 더 받을 수 있겠어요?"

지금까지 조성된 주택단지에서 마당은 어떤 형태로 조성되어 왔는지, 그리고 마당이 주택단지의 분양에 어떤 영향을 미치는지까지 모두 조사했다. 그 과정에서 앞으로 마당이 어떤 역할을 해야 하는지도 충분히 논의했다. 나와 팀은 서로를 설득했고, 설계 변경안을 관철하기로 결정했다.

하지만 건축주와의 미팅은 예상대로 쉽지 않았다. 기존 설계안보다 조금 더 넉넉한 크기의 마당을 원했을 뿐인데, 일이 커졌다는 반응이었다. 대출금 상환 일정을 조율해야 했고, 분양 팸플릿은 물론이고 이미 구두로 약속받은 입주민들의 이사 계획도 수정해야 했다. 수백 세대의 주택이 아니라 단 19세대라면 입주 예정 세대의 리스트 정도는 갖고 사업을 시작하는 경우가 많다. 이번 사업도 마당이 딸린 단독주택에 대한 수요가 분명히 있었고, 그 리스트는 사업의 유효한 정보였다.

건축주와 사업에 참여한 관계자들의 의견도 분분했지만, 결국 변경된 안으로 사업이 진행되었다. 두 달가량 사업 일정이 연기되었고, 그에 따라 일을 두 번 하게 된 발주처의 실무진은 만날 때마다 투덜거렸다.

변경 설계비는 계약서를 다시 쓰지는 못한 채 구두로 일정 금액을 약속받은 채 서둘러 일을 진행했다. 결국 협력사에 지급해야 할 추가 비용만 떠안게 될 줄은 이때만 해도 알지 못했다.

'악마는
디테일에 있다'는 말

나중에 안 일이지만, 변경안은 생각지도 못한 사업 포인트로 결정되었다. 골조 공사가 한창 진행되던 어느 날 현장소장이 지나가는 말처럼 던졌다.

"중정의 외벽 부분에 앵글(설치물을 지지하기 위한 철제 구조물)을 설치할 자리를 마련하려고요. 나중에 혹시 지붕을 씌우려면 미리 이렇게 해놓으면 좋을 것 같아서요."

부족한 마당 공간을 2층의 일부에 마련하고 하늘이 열린 공간으로 구획했다. 다락에 마련된 테라스 공간도 마찬가지였다. 연장된 지붕 선의 일부를 하늘이 열리게 해서 마당으로 공간을 구획했다. 건축주와 변경안에 대한 미팅을 하는 내내 공들여 얘기했던 내용이다. 하지만 건축주는 어느 순간부터 면적에 포함되지 않는 그 마당 공간의 활용에 대해 고민했다. 준공 후에 간단하게 막아서 방 하나를 더 만들 수 있겠다는 발상이었다. 결국 전용면적 30평 단독주택을 홍보할 때 3평(10제곱미터)을 덤으로 준다는 전략이었고, 그 3평의 공사는 원하는 입주민에게 추가 공사비를 받아서 시공하겠다는 생각지도 못한 계산 방식이었다. 분양에 충분히 도움이 될 거라는 판단과 함께 마당을 실내로 끌어들이면서 발생하는 추가 공사비는 입주민을 통해 보상받으리라는 판단이었다.

인허가 과정 중에 담당 주무관이 2층에 마련된 마당 공간을 보며 한마디 했던 기억이 떠올랐다. 여기는 나중에 불법으로 전용할 공간이 아니냐고. 그 말에 불같이 화를 냈다. 모든 사람을 예비 범법자 취급하시는 거냐고. 돌이켜 보면 어처구니없는 장면이다.

게다가 외벽에 앵글을 붙이기 위한 사전 작업 정도는 정식으로 설계 변경을 받을 일도 아니었다. 물론 그때까지만 해도 한창 골조 공사 중이었고, 그 정도의 불협화음은 충분히 극복할 수 있다고 마음을 다스렸다. 오죽했으면 말도 안 하고 그랬을까 이해하려고 노력했다. 2층에 마련된 마당 공간이 설계대로 시공되는 것이 우선이었다. 공간이 만들어지면, 그래서 사람들이 실제로 그 공간을 경험한다면 지금의 이 문제는 잠시의 에피소드가 될 수도 있겠구나 생각했다.

그러나 오판이었다. 착공 전, 시공사가 결정되고 공사 내역서를 보는데 뭔가 이상했다. 변경하기 전 기존 허가 도서의 공사비와 다르지 않았다. 외장재의 수준도 한 단계 상승했고, 무엇보다 면적에 포함되지 않는 공간이 추가로 더 생겼으니 공사비가 같을 리 없었다. 게다가 일렬로 나란히 배치된 주택의 배열이 아니라 중간중간 빈 공간이 생기는 조합이니 공사비 상승은 당연한 일이었다. 건축주도 이미 그 점은 인정하고 시작한 일이었다. 그런데 같은 공사 금액이라니. 건축주는 계약을

공사 사진

서둘렀다. 결국 그 점이 공사의 수준 저하에, 그리고 책임 준공을 다 하지 못하는 데 원인이 되었다.

현장의 공사는 걸핏하면 중단되었다. 이대로는 공사 진행을 못 하겠다며 자재 변경을 요구했고, 건축주는 이미 계약된 시공사니 어쩔 수 없이 끌려갔다. 주택의 2층에 마련된 마당은 외부 공간이고 준공 이후에도 그렇게 사용되는 공간이니, 외벽의 자재는 자연석으로 설계되었다. 하지만 시공사의 요구는 달랐다. 어차피 내부로 쓸 공간이고 입주민의 요청에 따라 공사를 해줘야 하니 처음부터 공사하기 쉬운 자재로 변경하고자 했다. 첫 단추를 잘못 끼우기 시작했으니 나머지 일들은 말해 무엇하겠는가. 외장재로 설계된 붉은 벽돌과 압축 목재 패널은 모두 스투코로 변경되었다. 단위세대가 조합을 이루며 생긴 마당은 그 역할에 따라 잔디와 현무암 혹은 목재 바닥으로 각각 설계되었으나 결국은 흙 마당을 다지는 선에서 마무리되었다. 간신히 준공 조건만 맞춰갔다.

그나마 공사가 간신히 끝날 수 있었던 것은 준공필증과 함께 공사비가 대출되기 때문이었다. 건축주도 시공자도 그쯤이면 분양이 문제가 아니었다. 어떻게든 대출을 발생시켜서 급한 불을 꺼야 했다. 장인의 손길이라곤 어디 한 곳 찾아볼 수 없는 현장이 되고 말았다. 애초의 계획처럼 분양이 될 리 만무했다.

우여곡절 끝에 공사가 끝나고, 드문드문 현장을 구경하러 사람들이 들렀다. 은행은 물론 가능한 모든 곳에서 자금을 끌어댔으니, 토지 등기부등본은 알아보기 힘들 정도로 복잡해져 있었다. 현장 모습은 전문가가 아니더라도 하자를 수십 군데는 잡아내고도 남았다. 현장은 분양가를 낮춰 실수요자가 아닌 부동산 브로커들에게 상당 부분 넘어갔다. 그래도 주택이란 것이 시간이 지나면 누군가의 안식처가 되기 마련이다. 그렇게 조금씩 모습을 갖춰 나갔다.

**건축가의 손을
떠난 마당**

모든 프로젝트가 그렇듯, 이번 '마당 깊은 집' 역시 설계와 시공, 유지 관리 세 가지가 각자의 역할을 정확히 해야만 그 모습을 갖춘다는 사실을 적나라하게 보여주었다. 시공팀에 책임을 모두 물을 수도 없는 일이었다. 마당을 기획하면서 건축가는 관계자들 모두의 충분한 공감을 끌어내야 했다. 마지막까지 관계자들 모두는 잊지 않고 그 공감의 실체를 꼭꼭 쥐고 있어야 했다. 하지만 몇 번의 공사 중단으로 생긴 금융 비용과 자재 변경 등으로 이미 사업의 손익분기점은 마이너스로 돌아섰다. 어느 순간 '마당 깊은 집'의 설계 컨셉은 사업의 사치로 여겨졌다. 현장에 다시 속도가 붙을수록 모든 것이 불안했다.

우여곡절 끝에 어렵게 입주가 시작되었다. 그 후 현장을 다시 방문한 것은 시청 담당 공무원의 부탁을 받고서다. 그는 이웃집의 민원이 들어왔는데 관계자들이 아무도 연락되지 않는다며 담장 경계와 차면 시설을 좀 확인해 달라고 부탁했다. 그래도 담당 공무원은 이런저런 일들로 오래 얼굴을 맞대 온 사이여서 다른 누구보다도 마당에 대한 이해도가 높았다. 그도 그럴 것이, 실내로 끌어들인 마당을 면적에 넣어야 할지 말지를 두고 한참을 옥신각신했으니 말이다.

"건축사님! 작년에 준공 처리 받으시느라고 고생 많으셨죠? 워낙 설계 변경 사항이 많기도 했으니 마음고생 심하셨을 거예요."

"그래도 몇 집은 설계대로 실내 마당을 쓰고 있더라고요. 물론 막아 쓰는 집도 많고요."

단지를 뒤로하고 나오면서 언뜻 각 세대의 서로 다른 마당으로 연결

준공 사진

된 A타입의 마당이 보였다. 잔디 위로 원형 탁자가 놓여 있다. 밤에는 노란색 조명이 켜질지도 모르겠고, 아이는 벌써 마당 한쪽에 게임기를 숨겨 뒀는지도 모르겠다. 주말에 한잔하러 모인 이웃들은 자리가 좁다고 투덜거릴지도 모르겠다.

　마당은 건축 관계자들의 손을 완전히 떠나 그곳에 있었다. 그렇게 도면에 없는 모습으로 마당은 주택단지의 저녁을 만들고 있었다.

테라스가 있는 빌라

양평,
다세대주택 단지 이야기

"나쁜 땅은
없어요"

누가 봐도 '좋은 땅'이란 게
아직 남아 있을 리 만무하다

어차피 땅은 한정되어 있고 수요는 늘어나고 있으니, 이른바 좋은 땅은 누군가의 주머니 속에 들어가 있는 것이 당연하다. 주택단지 신축을 의뢰받은 양평의 땅 역시 그 범주 안에 있었다. 수년간 사람들의 손을 거쳤으나 아직 개발되지 않은 채 매물로 나와 있었고, 감정평가액보다 더 높은 대출금액 탓에 땅은 자생력을 잃은 상태였다.

　더욱이 '아직 개발되지 않은 채'라는 말에는 항상 그럴 만한 이유가 있다. 예상한 분양가에 비해 지나치게 거품이 많은 토지의 상황(설정, 압류 등)이 그렇고, 긍정적이지 않은 토지의 주변 환경(북향, 경사지, 입지 조건 등)이 또 그렇다. 두 가지 모두에 해당한다면 결국 건축주는 다른 땅으로 눈을 돌리게 된다.

　양평 등의 서울 근교에 있는 다세대주택(빌라)의 경우, 매매가격은 다음의 몇 가지 요소로 결정된다. 우선 집의 규모도 중요하지만 그와 함께 서울 진입이 얼마나 쉬운가, 즉 교통 조건과 병원 등 각종 편의시설과 기반시설의 유무가 집의 가격을 결정한다. 이때 가족 구성원의 생활방식이나 문화로서의 주택의 역할 등 주택의 본질적인 고민은 의미가 없어 보인다. 인근 부동산에 방문해 보면 그 뜻을 정확히 알 수 있을 뿐 아니라, 원하는 지역과 원하는 주택 규모를 얘기하면 거의 같은 금액의 답을 들을 수 있다. 결국 '아직 개발되지 않은 채'라는 말은 부동산에서 원하는 금액의 집을 지을 수 없다는 뜻이 된다.

　하지만 이번 일을 의뢰한 건축주는 달랐다.

"나쁜 땅이 어딨습니까? 고민하면 좋은 땅이 되는 거죠"

건축주의 이 한마디에 이런저런 검토 단계 없이 무작정 현장부터 방문했다. 건축주와 건축사로 만나서 진행하고 있는 지난해의 프로젝트 덕분에 어느 정도 서로에게 신뢰가 있었지만, 무엇보다 새로운 땅이 궁금했다.

　현장을 처음 대면하러 가는 길은 언제나 두근대는 설렘이 함께한다. 요즘은 위성지도가 워낙 잘 준비되어 있고, 차가 들어갈 수 있는 웬만한 지역이라면 거리뷰까지 있으니 현장을 가기 전부터 어느 정도 현장

파악이 선행된다. 굳이 현장을 방문하지 않아도 얼추 기본설계를 하는 데 문제가 없을 정도다. 거리뷰가 없는 지역일지라도 토목회사를 통해 등고선을 받아볼 수 있다면 토지의 경사도도 알 수 있으니, 법규 검토에도 문제가 없다. 하지만 현장을 처음 대면하러 가는 길에는 한 가지 철칙이 있다.

'현장에 대한 그 어떤 자료 조사도 절대 먼저 하지 말 것.' 현장과의 첫 대면이다. 그 순간이 내게는 무엇보다도 중요한 장면이다. 아침, 점심, 저녁에 만나는 현장이 다 다르다. 해가 뜨고 해가 지는 풍경만이 아니다. 현장의 한가운데 서서 느끼는 기분 좋은 바람도 사전 자료 조사로는 알 수 없기 때문이다.

왕복 4차선 주도로에서 40여 미터 오르막길을 오르면 현장이다. 전투복 차림의 건축주(일흔 살이 넘었지만 목소리는 청춘인)는 벌써 잡풀 우거진 현장에 들어설 기세다. 다세대주택 세 동이 들어설 땅이다.

멀리서 본 현장의 첫인상은 숨어 지내는 은둔의 고수 같아 보였다.

오르막 끝에, 그것도 4층 빌라 뒤에 위치한 사이트

현장으로 올라가는 길은 떡하니 4층 규모의 주택이 막아서고 있다. 오르막길의 맨 끝에 숨겨진 현장은 그래서 은밀한 무언가를 가지고 있는 듯이 보였다.

현장은 남북 방향 길이 약 40미터, 동서 방향 길이 약 40미터의 경사지다. 현장의 시작점인 북측에서 남측의 끝까지는 약 7미터의 높낮이로 형성되어 있다. 오르막의 끝이 북쪽이고 현장이 남쪽을 보고 있었다면 좋았겠지만, 현장은 정반대로 앉아 있었다. 북서향의 땅이다. 게다가 남동쪽으로의 인접 대지 경계선은 어른 키만큼의 석축 옹벽으로 덮여 있다. 조망과 채광은 기대할 게 없는 상황이었다. 보이는 그대로라면 최악의 현장이다.

건축주는 현장으로 들어가는 내게 소리쳤다.

"그쪽으로 들어가면 안 돼요! 거긴 움푹 꺼진 땅입니다. 잡풀이 무성해서 조심해야 해요. 보기에는 평지인데 단차가 엄청나요."

"그렇지. 거기서 한번 내려다봐요. 앞에 막고 있는 주택 사이로 그래도 꽤 경치가 좋죠?"

"맞아요. 그쯤 될 거 같아요. 지금 윤 건축사 서 있는 그 자리가 대지한가운데, 그러니까 대지의 평균 레벨이 될 거 같아요."

이쯤 되면 한두 번 현장을 헤집고 다닌 말솜씨가 아니었다. 위성사진이나 토목 자료 없이 몸으로 현장을 파악한 것이 틀림없었다.

대지의 맨 끝에 다다르자 높이 1~3미터의 석축이 길을 막았다. 그위로 뭐 대단한 풍경이 있을까 싶었다. 그래도 석축의 건너편은 궁금했

현장

사이트 뒤편에 위치한 석축

다. 별다른 기대 없이 잡풀을 헤치고 간신히 옹벽 위로 올라섰다. 그런데 여기가 반전이었다. 현장을 등지고 바라본 풍경은 기가 막혔다. 마치 누군가 정리해 놓은 듯한 초록의 잔디부터 골조 공사 중에 중단된 사찰의 외관, 인접지에 공사 중인 토목 현장까지 그야말로 모든 것이 다 있었다. 생각지도 못한 풍경이었다. 옹벽 바로 앞은 사업지에서 가장 악조건의 위치였고, 그곳에는 어쩔 수 없이 주택 한 동이 들어서야 했다. 하지만 옹벽 건너편의 풍경을 확인한 순간, 어쩌면 이곳은 명당이 될 수도 있겠구나 싶었다. 그 주택에 남쪽으로 전망 좋은 테라스가 생긴다면.

  이미 이 땅의 모든 조건을 알고 있었던 건축주는 짓궂은 표정을 지으며 웃고 있었다.

  갑자기 여러 아이디어와 질문이 두서없이 떠올랐다. 석축 위 남동쪽으로 일부 열려 있는 초록을 어떻게 바라볼 것인가? 혹시 절에서 나오

현장 남측 석축에 올라서 현장을 내려다 본 풍경

는 소리가 주택단지까지 들리는 건 아닐까? 인접한 곳의 토목공사 현장의 용도는 무엇이고 규모는 어느 정도일까? 사계절 불어오는 바람을 예상해 본다면, 이곳은 여름이 덥고 겨울이 추운 땅이 아닐까? 이 모든 것을 건축계획으로 해결할 수 있을까?

그렇게 이 땅을 만나자마자 스케치북을 꺼내 들고 앞뒤 따질 것도 없이 현장 환경 분석을 시작했다. 발목을 덮던 잡풀의 까칠함과 대지의 한가운데로 불던 바람의 시원함까지 모든 느낌이 살아 있을 때다. 그 후로도 몇 번 더 현장을 방문했다. 하지만 늘 그렇듯, 처음 현장을 만나던 그날의 기억이 가장 오래도록 설계의 기초가 되었다.

승산이 없어 보이는
땅의 조건

첫째, 해가 뜨고 해가 지는 방향이다. 대지의 남동쪽 부분이 가장 높고 북서쪽 부분이 가장 낮은 형태다. 이는 건물의 배치를 결정하는 데 중

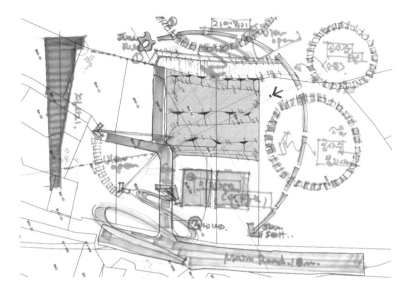

대지 분석 현장 스케치

요한 단서가 된다. 주된 거실의 방향을 어떻게 할 것인가. 조망권과 남향, 그리고 각각의 건물에서 바라보이는 거실과의 간섭 등을 고려해야 한다.

둘째, 바람의 방향(겨울 북서풍과 여름 남동풍)이다. 인접한 기존 건물 때문에 북서향 대지의 조망권이 갑갑해지는 것은 단점이지만, 다행히도 그로 인해 그나마 겨울바람을 직접 받지 않을 것으로 보였다. 창호 계획의 단서가 될 부분이다.

셋째, 주변 환경이다. 건물이 들어서 있지 않은 자연녹지의 풀밭과 언제든 다시 시작될 사찰의 공사 현장, 그리고 인접한 남서측 현장의 규모와 용도를 파악할 필요가 있다.

넷째는 진입도로에서 단지 내로 들어가는 출입로인데, 약 15%의 경사지다. 이번 계획안의 가장 핵심적인 조건이다. 대지의 초입부터 대지의 남측 오르막 맨 끝은 약 4미터 차이이고, 그 후 다시 석축 옹벽 위(자연녹지 부분)까지 3미터 높이다. 이는 진입 레벨과 1층 바닥 기준 레벨 등을 결정하는 조건이며, 어쩌면 모든 계획안에서 핵심 키 역할을 하게 될 것으로 보였다.

다섯째, 현장에서의 조망권과 단지 레벨의 결정이다. 남향으로 열린 조망권을 갖고 있는 반듯한 땅이라면 설계 의뢰가 내게까지 올 이유가 있었겠는가. 북서향의 땅은 극복해야 할 현장의 모든 요소 중에서도 가장 묵직한 부분이다. 건물이 어느 쪽으로 열리고 어느 쪽으로 닫힐 것인가, 어떤 표정과 몸짓으로 서 있을 것인가를 결정하는 조건이 될 것이다.

건축주가 내게 설계를 의뢰한 이유를 알았다. 현장의 조건에 맞는 최적의 다세대주택(빌라) 세 동을 짓는 것은 당연한 일이다. 까다로운 건축 법규에 맞춰서 분양 면적을 최대한 뽑아내는 일이 우선이다. 이 모든 것이 건축사가 할 일이겠지만, 그것만이 아니었다. 건축주는 새로운 개념의 주택을 원했다. 걷기도 만만치 않은 땅을 그는 숱하게 올랐을 것이다. 그는 나를 알고 있었다. 그리고 그는 그 땅을 알고 있었다. 어떤 악조건이라도 그 땅만이 갖고 있는 무언가가 있음을 알고 있었다. 그는 그 무언가를 꺼내 보고 싶어 했다. 내가 반드시 그 땅에서 아무도 보지 못한 무언가를 찾아낼 거라고 기대하고 있었다. 해결책을 가져올 것이라는 믿음이 있었다. 하지만 이번 주문은 그보다 훨씬 더 복잡했다.

현장의 위치가 아무리 사람들이 선호하는 지역인 양평이라고 하더라도, 인근의 분양가 등을 고려하면 그 지역의 주택 형태와 분양 시장은 얼추 결정되어 있다. 서울 근교의 관리지역(주거지역보다는 밀집도가 덜하고 기반시설, 편의시설 등도 부족하다)에 세워지는 다세대주택은 인근의 아파트 단지에 비해 낮은 분양가로 형성되어 있기 마련이다. 주거 밀집 지역에서 벗어나 있다는 취약점을 생각하면 당연하다.

이런 조건이라면 적당한 공사비를 투입해 주변 시세로 신속하게 분양하는 것이 그나마 주택 사업의 성공 확률을 높이는 일이겠지만, 누가 봐도 쉽지 않은 조건이다. 게다가 이번 현장처럼 대지의 환경 조건이 주변보다도 나쁜 상황이라면 성공 확률은 더욱 낮아질 수밖에 없다. 분양가를 더 낮출 수도 없는 노릇이다. 답이 나오지 않는다. 가장 평범하게 최소한의 비용으로 최대한 빡빡한 다세대 빌라를 짓는다고 가정해도, 분양가 대비 사업이익률을 장담할 수 없다. 승산이 없어 보이는 첫 번째 이유다.

이뿐만이 아니다. 평생 주택 사업의 한길을 달려온 건축주는 이 프로젝트를 시작으로 사람들에게 기억될 만한 브랜드를 만들고 싶어 했다. 20~30세대로 구성된 저층 주거단지의 새로운 모델이 그것이다. 일반적인 다세대주택을 세워서는 더 이상 승산이 없어 보이는 악조건의 땅들이 그 대상이다. 여전히 누군가의 고민으로 좋은 땅이 되기를 기다리고 있다. 대지의 단점을 오히려 장점으로 바꾸고, 넓지 않은 땅이지만 오직 이 땅 위에만 세워질 수 있는 새로운 개념의 주거 형태를 만들고 싶어 했다. 이 프로젝트가 어려운 두 번째 이유다.

문제도 땅에 있고,
답도 그 땅에 있다

건축가 입장에서는 어려운 악조건 두 개가 겹친 프로젝트일지도 모른다. 그러나 오직 수익만을 목적으로 하는 빌라를 짓자고 했다면 단번에 거절하고 내려왔을 일이다. 일부러 어려운 땅을 좋아하는 것은 아니다. 오직 그 땅이 가진 유일함을 발견하고, 그 위에 설계하는 과정이 좋다. 이 모든 작업이 나를 건축가로 살아 있게 한다.

우리는 곧바로 의기투합했다. 프로젝트가 어려울 수밖에 없는 악조건이 이중으로 있지만, 반대로 이런 숙제를 해결하기 위해 필요한 조건이 이미 마련되어 있었기 때문이다. 바로 나와 같은 생각을 하고 한 방향을 바라볼 수 있는 건축주와의 만남이다. 이 관점에서 그는 준비가 되어 있는 건축주였다. 단순히 수익만을 목적으로 하는 설계 현장이 펼쳐지지는 않을 것이라는 믿음이 있기 때문이다. 어려운 프로젝트이기에, 그래서 더욱 서로 한 방향을 바라봐야만 하는 시작점에 우리는 서 있었다.

건축주는 여전히 호쾌한 목소리로 먼저 말했다.

"당연히 수익이 먼저가 되어야 합니다. 세대수와 연면적은 최대로 맞추고 시작합시다."

"물론입니다. 그다음 입주자들이 이곳에 사는 자부심을 느끼는 빌라를 만들어야죠."

"그리고 이 정도 규모의 주택 사업에 새로운 모델이 되어야 하고요."

이렇듯 사업의 목표는 명확하게 정리되었다. 하지만 프로젝트의 실패를 한두 번 겪어 보지 않았으니 이런 호기로운 출발도 불안했음을 고백할 수밖에 없다. 건축주의 의지가 아닌 외부 환경 즉 분양 시장, 금리, 자금 조달 등으로 말미암아 언제든 사업이 다른 길로 갈 수도 있다는 것을 수없이 경험해 왔다. 건축가도 마찬가지다. 프로젝트에 오롯이 집중할 수 있는 설계 계약을 하지 못한다면, 여러 환경 변화에 추진력을 잃는 순간에 언제든 직면하게 된다. 의지만으로는 어렵다. 삶을 유지하고 좋아하고 잘하는 일에 집중할 수 있으려면, 그 보상도 함께 가야 하는데 대부분은 쉽지 않다. 결국 설계 계약 체결까지 몇 번의 고비와 설득이 필요할 것이다. 정당한 대가 기준에 대한 합의는 얼마나 힘든 일인가.

아침 7시의 회의는 모닝커피가 채 식기도 전에 끝났다. 세 가지 사업 목표가 순식간에 결정되었다. 그만큼 오래도록 현장에서 논의했으니 알고 보면 새로운 목표도 아니었다. 이미 서로 간에 갖고 있었던 생각을 확인하는 시간이었다.

첫째, 수익이 나야 한다. 너무 당연한 이야기다. 수익이 나지 않는 새로운 주택 브랜드가 무슨 소용이 있겠는가. 결국 누가 봐도 악조건인 땅이니 그 기대치가 주변의 땅보다 낮다는 뜻이다. 이 악조건을 긍정적인 조건으로 바꿀 수만 있다면 돈이 된다는 뜻이기도 하다. 수익의 답은 역시 그 땅에 있다.

둘째, 이곳에 사는 자부심을 가질 수 있게 해야 한다. 이는 다른 주택단지에서는 볼 수 없는 매력을 갖게 된다는 것이고, 그 점 역시 그 땅만이 갖고 있는 잠재력을 당당하게 꺼내 놓는다는 말이다. 자부심의 답 역시 그 땅에 있다.

셋째, 다른 주택 사업의 모델이 되어야 한다. 이 역시 땅의 조건을 긍정적으로 바꾸면서 이뤄지는 것일 테다. 모든 땅이 항상 장점만 가지고 있을 수는 없다. 수도 없는 악조건을 가지고 있기 마련이다. 그 해결 방법에 집중하면 결국 다른 땅, 다른 사업의 모델이 될 것이다.

악조건이 어디 땅뿐이겠는가. 설계를 진행하면서 숱한 일이 걸림돌이 될 터이고, 자빠지고 일어서기를 반복할 것이다. 건축가로서, 건축주로서 땅을 대하는 진심을 서로 장착하고 일을 시작해야 한다. 그것이 완주의 첫걸음이 될 것이다. 이제 테라스를 중심으로 한 빌라의 이야기를 본격적으로 시작해 보자.

옥탑방의
테라스를
분양받고 싶다

아파트와 단독주택의
중간 지점

강남 한복판이 직장인 후배와의 술자리였다. 드디어 아파트를 떠나 이사를 갈 거라며 희망찬 목소리로 떠들었다. 서울 근교에 좋은 곳을 추천해 달라는 부탁과 함께.

"우리 아이가 이번에 대학을 갔잖아요. 이제 자유입니다. 전원주택은 못 가더라도 서울 근교의 공기 좋은 곳으로 이사 가려고요."

"텃밭이 꼭 있으면 좋겠어요. 출퇴근도 한 시간 정도면 좋고요. 주말에는 집에서 안 나오려고요. 놀러 오세요."

후배만 그러는 것도 아니다. 도시 한복판에서 최선을 다해 살아온 마흔다섯 살 가장의 평범한 꿈이다. 그럼 이제 그 소박한 꿈이 있는 지점, 아파트와 단독주택의 중간을 들여다보자.

몰개성의 아파트에 살면서 꿈꾸는 단독주택 생활을 하나하나 열거해 보면 알 수 있다. 그리고 불편한 단독주택 생활을 접고 편리한 새 아파트로 옮겨가고 싶은 이유도 적어 보면 알 것이다. 양쪽의 장단점은 모두가 수긍할 만큼 명확하다.

그렇다면 적어도 우리의 빌라(건축 용어로는 다세대주택과 연립주택)는 그 중간 지점의 매력을 갖고 있어야 한다. 체계적으로 관리되는 아파트의 시스템까지는 아니어도 보안, 주차, 설비 등 공동주택의 편리함이 있고, 잔디 깔린 마당까지는 아니어도 자기만의 작은 테라스가 있는 집 말이다.

하지만 알다시피 주변에서 흔히 보는 거의 모든 빌라는 비슷한 모양을 하고 있다. 중간 지점의 매력이 있다기보다는 아파트가 되고 싶었지만 그렇지 못한, 그렇다고 단독주택이 될 수도 없는 어설픈 주거 형태로 남겨진 듯 보인다. 물론 현대사회의 다양한 주거 문제를 해결하기 위한 결과물일 수 있으니, 그 복합적이고 구조적인 문제까지 언급할 수는 없는 일이다. 게다가 무분별한 개발을 막겠다고 만들어 놓은 각종 건축법은 또 어떤가.

북향을 끌어안고
'그 중간 지점의 매력'을 찾아

다세대주택 세 동을 계획하는 일이다. '그 중간 지점의 매력'에서 이번 프로젝트의 답을 찾게 될 것 같다. 넘어야 할 산은 두 개다. 아파트와 단독주택의 어설픈 중간이 아니라 장점만을 살린 매력적인 공간이 되어야 하고, 거기에 누가 봐도 '나쁜 땅'의 모든 조건을 갖춘 대지의 조건을 극복하는 설계가 되어야 한다.

전편에서 분석해 본 대지의 환경 조건을 잠시 곱씹으며 땅의 곳곳을 천천히 걸어가 보자. 조망권이 막힌 북향의 대지 조건을 극복해야 할 문제로 볼 것이 아니라, 그대로 단점을 인정한 채 배치 계획을 세워야 한다. 이번 계획안은 여기서부터 시작했다. 대지가 조망권이 확보된 남향이었다면 세 개 동의 배치는 간단했을 것이다. 거실의 주된 방향이 서로 간섭이 없게끔 조금씩 어긋나게 세 동을 배치했을 테고, 잘 만들어진 아파트 단위세대를 참고했을 것이다. 아파트를 닮은 다세대주택으로 합격점을 받지 않았을까.

하지만 주어진 대지는 조망권이 확보되지 않은 북서향이다. 다음 쪽의 컨셉 스케치는 그 해결 방법을 담고 있다. A, B, C, D, E, F, G의 7개 단위세대가 있다. A, B를 '가'동, C, D를 '나'동, E, F, G를 '다'동으로 이름 붙이고 가만히 그림을 들여다보자. 단지 레벨을 그대로 이용하면 도로에서 직접 진입할 수 있는 지하주차장이 만들어지고, 지상에는 세 동의 중앙에 공용 마당을 배치할 수 있다. 건물의 높이와 마당의 폭을 고민하면 최적의 외부 공간을 계획할 수 있겠다.

그 덕분에 우선 '가'동은, 남향과 마당을 향해 열려 있는 거실을 배치할 수 있는 조건이 되었다. 그런데 인접한 기존 건물의 조망은 '가'동의 배면으로 정리할 수 있겠지만, 마당 건너 있는 '다'동의 배치는 세로 방향으로 길게 만들어지는 건물 형태다. 바람길을 막고 대지 오른편(남

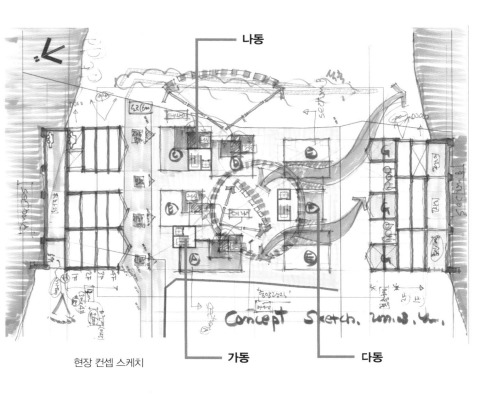

나동

가동 다동

현장 컨셉 스케치

서측)의 조망권도 막을 수밖에 없다. 말 그대로 자연환경의 소통을 차단하고 있었다. 고민 끝에 '다'동의 3층, 4층은 건물의 중간중간에 테라스가 있는 복층형으로 계획했다. 그 결과 위 스케치의 화살표처럼 막힘없는 소통이 이루어졌고, 무엇보다 복층형의 주택이 새로웠다.

나동의 1층은 필로티로 처리해서 비상 차량이 단지 내로 들어올 수 있도록 계획하고, 그와 동시에 인접한 석축의 높이 이상부터 주택을 형성할 수 있었다. 이렇게 개략적인 배치 기본 계획이 세워졌다.

그런데 본격적인 고민은 지금부터다. 이렇게 세워진 배치 계획만을 가지고서는 이곳에 세워지는 다세대주택만의 매력을 이야기하기에는 부족해 보였다.

하나의 시행착오와
배움을 보내고

사실 현장을 다녀온 뒤부터 줄곧 머릿속에는 꿍꿍이가 가득했다.

10년도 훨씬 더 된 일이다. 과천의 동호인 주택단지를 설계하면서 '도심지 수직형 테라스하우스'라는 이름으로 저작권 등록을 한 적이 있다. 결론부터 보자면, 우여곡절 끝에 설계안은 착공되지 못했다. 결

도심형 테라스하우스 저작권 등록 자료

국 평범한 다세대주택이 완공된 안타까운 프로젝트였지만, 한편으로는 도심형 테라스하우스의 컨셉을 구체화하고 저작권 등록까지 완료하게 도와준 프로젝트가 되었다. 당시는 컨셉만 있었고 뒷받침할 디테일은 부족하기도 했다. 무엇보다 젊은 패기만 있었지 누군가를 설득할 내공은 부족했는지도 모른다.

선후배로 구성된 여섯 명의 건축주였다. 직업도 다르고 취미, 가족 구성원 등은 물론 무엇보다 집을 대하는 태도가 서로 달랐다. 주택이 밀집한 과천 어디쯤에 두 개 동의 다세대주택을 짓는 설계였다.

고민하지 않았다. 스케치를 꺼낼 타이밍이었다. 담뱃갑을 지그재그로 겹치지 않게 쌓아 올리며 이미 수백 번도 더 그림을 그려 본 터였다. 책상 뒤 벽면에 붙여진 채 꼬깃꼬깃해진 스케치가 이제 세상에 나올 수 있으니, 얼마나 다행인가.

매 층마다 서로 다른 주택을 설계해 주겠다고, 여러분의 서로 다른 요구를 모두 맞춰 보겠다고 호기롭게 선언했다. 하지만 그 선언이 미친 짓이란 것을 아는 데까지는 그리 오랜 시간이 걸리지 않았다.

6×2=12명. 몇 번의 설계 미팅은 12명의 건축주 모두의 서로 다른 요구 조건을 받아 적는 것만으로도 벅찼다. 상상력만으로 만들어진 설계 컨셉은 수많은 미팅을 더 해갈수록 갈려 나가고 희미해졌다. 공사 완성도를 위한 시공 디테일까지는 갈 수도 없었다. 12명의 건축주도, 나도 모두 지쳐 가고 있었다.

결정적인 패인 중 하나는 공사비를 사전에 명확하게 검토하지 않았다는 점이었다. 의지가 앞선 탓이었다. 그들의 예산은 빠듯했고, 어렵게 만들어진 설계 제안은 내역 검토를 하는 순간 결국 무너졌다. 1층부터 4층까지 서로 다른 평면으로 이루어졌으니, 똑같이 올리는 여타의 빌라에 비해 공사비가 상승하는 건 당연했다(당시 상승분은 5% 미만이었던 것으로 기억하지만, 처음부터 그것을 알고 진행하는 것과 모르고 진행하는 것은 차이가 크다). 프로젝트는 결국 두 개의 똑같은 단위세대를 각 동에 쌓아 올리는 것으로 마무리되었던 아픈 기억으로 남아 있다.

빌라에 테라스가 없는 건
법규 때문일까?

그 후로도 내내 그 설계안은 스케치북 안에서 밖으로 나올 기회만을 엿보고 있었다. 그때가 바로 지금이다. 현장의 기본 자료를 건네받았을 때부터, 나는 묵혀 두었던 10년 전 스케치북의 먼지를 이미 털어내고 있었다.

　너무 자세한 설명일 수도 있지만, 이 글을 더 재미있게 읽기 위해서는 테라스에 관한 이해가 조금 필요하다. 우선, 4층의 다세대주택(빌라)을 차곡차곡 쌓아 올리는 평면 계획을 통해서는 각 세대에 테라스를 설계할 수 없다.

　테라스는 발코니와는 달리 지붕이 없는 구조다. 정확히 말하면 하부층의 지붕 슬래브를 자연스럽게 상부층에서 사용하게 되는 구조를 테라스라고 부른다. 경사지에 설계되는 테라스하우스의 마당을 생각하면 개념을 이해하기가 쉽다. 경사지 아래에 있는 앞집의 옥상이 내 집의 마당이 되는 모양이다. 결국 수직 형태의 주택이 각 층마다 테라스를 갖기 위해서는 매 층의 거실 혹은 방의 공간이 상부층에서는 다른 공간, 즉 외부 공간이 되어야만 한다.

우리가 지금까지 보아 온 일반적인 빌라와 달리 층마다 서로 다른 공간이 설계되어야만 가능하며, 아래층의 거실 지붕 슬래브를 위층에서 자연스럽게 옥외 공간으로 사용할 수 있어야만 한다는 뜻이다. 내 집의 거실에서 나갔을 때, 그곳이 아래층의 옥상이 되는 구조다.

그런데 10년 전에 저작권 등록을 해둔 테라스 해법을 꺼내더라도, 이번 설계에 바로 적용할 수 없는 또 다른 문제가 있었다. 문제는 건축법규였다. 이번 계획안이 들어서는 땅의 용도지역은 관리지역이다.*

관리지역은 건폐율 40%에 용적률 100%로 지을 수 있는 땅이다. 알다시피 건폐율은 땅을 위에서 내려다봤을 때 땅의 면적에 비해 건물이 앉히는 비율을 말한다. 건폐율 40%라면 나머지 60%는 빈 땅으로 두어야 한다는 뜻이다. 또 용적률이란 각 층(지상)의 바닥 면적 합계를 땅의 면적으로 나눈 비율을 말한다. 땅의 면적에 비례해서 얼마만큼의 건물을 지을 수 있느냐는 것이다. 용적률 100%라면 몇 층으로 건물을 짓든 각 층의 총 바닥 면적이 대지 면적만큼이라는 뜻이다.

서울에서 빌라가 있는 지역은 대체로 건폐율 60%, 용적률 200%의

---

* 우리나라의 모든 땅은 그곳에 지어지는 건물의 규모와 용도 등을 세분하여 규정되어 있다. 예를 들어 고층 건물이 있는 대로변은 상업지역, 주택이 많은 이면도로 쪽은 주거지역, 혹은 관리지역, 농림지역 등으로 규정된다.

일반주거지역이 대부분이다. 그런데 이번 프로젝트는 도심에서 벗어난 지역에 위치한 곳으로, 용도지역은 계획관리지역이며, 따라서 건폐율 40%, 용적률 100%, 4층 이하의 법규를 적용받는다.

즉 아무리 건물 규모를 키우고 싶어도 결국 대지 면적 이상의 건물은 되지 못한다는 뜻이다. 세 번째 넘어야 할 산이다. 하지만 이 세 번째 산이 이 땅에서만 세워지는 주택의 단초가 된다. 건폐율과 용적률 각각의 관점에서 해석할 수 있다. 법적으로 규정된 건폐율 40%를 꽉 채운 건물을 짓는다면 2.5개 층 정도밖에 되지 않는다는 뜻이 된다. 또는 용적률 100%를 모두 확보한 4층의 건물을 짓는다면, 각 층에 대지 면적의 25%만 지어도(25×4층=100) 충분하다는 뜻이 된다.

문제와 해답이
하나로 합쳐진 지점

고민의 출발, 즉 문제의 원인과 해답도 바로 같은 지점에 있었다.

각 층에 대지 면적의 25%라면, 법적으로 허용한 건폐율 40%에 무려 15%의 면적이 남아 있다는 뜻이 된다. 만약 이 부분을 바닥 면적에 포함되지 않되 활용 가능한 공간으로 설계할 수 있다면 어떨까. 누구나 생각할 수 있지만 아무도 생각하지 않은 방법이다. 도면 밖에서 상상했다. 손으로 하는 설계가 아니라 발로 하는 설계에서 답을 찾아갔다. 현장을 오래도록 걸었다. 몇 번의 현장 답사 끝에서 남아 있는 건축 면적이 떠올랐다. 그 빈 공간에 눈길을 준다면 새로운 주택의 답을 찾

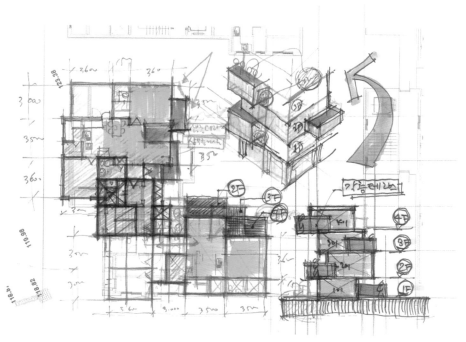

테라스하우스 컨셉 스케치

을 수도 있지 않을까. 넘어야 할 산과 서랍 속의 스케치, 이 모든 것이
하나로 합쳐진 해답은 거기에 있었다.

　건축가들의 상상력은 규제를 위해 만들어 놓은 탁상공론의 건축법
에 눌려 언제나 숨이 막힐 지경이다. 하지만 그 옴짝달싹하기 어려운
제약 저편에서, 이 공간이 어쩌면 아파트와 단독주택 사이에서 사용자
를 위한 해답이 될 수도 있다는 희망이 보이기 시작했다.

본격적인 설계에 들어가기 전에 몇 가지 컨셉을 정리했다. 왼쪽의 스케치에는 다음의 내용이 담겨 있다.

- 단지 레벨에 순응하는 지하주차장의 계획
- 대지의 환경조건을 극복하기보다는 대지 자체에 집중하는 세 개 동 배치
- 각 세대에 수직형 테라스를 설계하는 실험적 방식

우리가 이곳에 세우고자 하는 것은 아파트도, 단독주택도 아니다. 언제나 그렇듯이 땅에서 해답을 찾아가고 있다. 이곳에서만 지어지는 다세대주택은 아파트와 단독주택, '그 중간 지점의 매력'에 닿아 있을 것이다.

빌라에 테라스가 없는 건 법규 때문이 아니다. 고민하지 않았을 뿐이고, 또한 고민하거나 설득할 이유도 허락되지 않는 현실 때문이다.

건축가의 꿈에서
모두의 꿈으로

'테라스가 있는 빌라',
그 시작을 더듬어

정확히 1년, 거의 하루도 빠짐 없이 6시에 일어났다.

휴일이었던 그날 아침에도 윗집에서 들리는 알람 소리에 잠이 깼다. 동요 〈아기 코끼리〉부터 "일어나, 일어나!"라고 외치는 사람 목소리까지 알람 소리는 다양하게 울렸다. 내가 먼저 잠이 깨고 5분쯤 후에 알람 소리가 멈추곤 했다. 아마 알람이 울리자마자 침대 밑으로 던져두었을 것이다. 아파트 단지에서 자주 보고 친했으면 모닝콜이라도 해주고 싶었다. 고등학교 3학년이었던 그 학생은 원하던 대학을 갔다고 전해 들었으니, 1년간 나의 아침도 뭔가 기여를 한 기분이었다.

테라스가 있는 빌라를 상상한 것은 그때부터였다. 층마다 똑같은 단위세대가 차곡차곡 쌓인 주택이 아니라 서로 다른 공간들이 윗집, 아랫집에 있다면 어떨까? 활동하는 시간이 다르고 쓰임새가 다른 공간이라면 말이다. 10년 전에 비해 놀랍게 발전한 건축 기술로도 층간 소음은 완전히 해결되지 않고 있다.[*]

고3 수험생은 내게 주택 설계에 힌트 하나를 던진 셈이었다. 층간 소음 문제에서 시작한 상상력은 순식간에 아파트 거실의 테라스로까지 퍼져 나갔다. 담뱃갑을 차곡차곡 쌓아 올리는 것이 아니라 지그재그로 올려 보았다. 서로 다른 매스가 겹치지 않는 어떤 부분이 매 층마다 생겨났다. 그곳으로 걸어 나오면 매 층마다 거실 앞으로 테라스가 생겨났다.

하지만 지어질 땅이 없는 건축의 컨셉 스케치는 자칫 만화 한 편에 지나지 않는다. 땅이란 건축물의 수많은 제약 조건인 동시에, 다른 땅에는 없는 그곳만의 유일한 매력을 반드시 갖고 있기 때문이다. 땅 위에서 그리는 스케치 한 장이, 상상력만으로 그리는 컨셉 스케치 수백 장보다 어려운 이유다.

[*] 이 부분은 건축 시장을 주도해 가는 대형 건설사의 수익 구조와 관계가 있어 단순히 건축 기술만으로 설명되지는 않는다. 층간 소음 문제는 다음 기회에 좀 더 다른 시각으로 이야기하고 싶다.

'수직형 테라스하우스', 본편의 시작

이번 양평 프로젝트의 핵심 컨셉은 '수직형 테라스하우스'다. 앞서 이야기했듯이 과천 동호인 주택의 실패에서 이번 설계 컨셉이 시작되었다. 스케치북 한 페이지에 쌓이는 먼지만큼 내공도 같이 쌓았다. 일반적인 테라스하우스는 경사면에 형성되는 사선형이다. 산등성이처럼 비스듬히 테라스가 계단식으로 위치하고, 윗집에서 아랫집의 지붕을 테

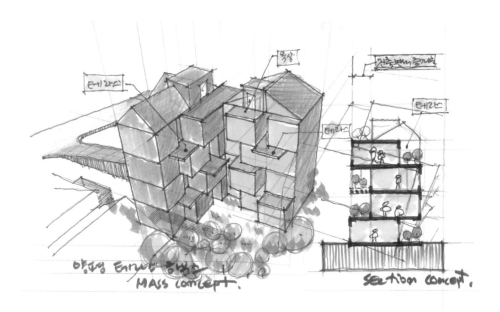

수직형 테라스하우스의 매스 컨셉과 섹션 컨셉

라스로 사용하는 구조다. 수직형 테라스는 왼쪽의 그림처럼 담뱃갑을 겹치지 않게 올려놓은 모양으로, 각 세대의 독립적인 면적을 보장하고 각 세대의 층간 소음도 구조적으로 해결한다.

각 세대에 하늘이 열려 있는 작은 테라스가 하나씩 보인다. 아래층의 거실 혹은 방의 상부 슬래브, 옥상이다. 오른쪽 그림처럼 각 층의 단위세대가 어긋나게 배치된다. 어긋난 부분이 바로 건축 면적이 늘어나는 지점이다. 앞서 말한 '문제와 해답이 하나로 합쳐진 지점', 바로 남아 있는 건폐율이다. 그 건축 면적 증가분이 바로 용적률에 포함되지 않는 각 세대의 테라스다.

이제부터는 분양을 목적으로 하는 다세대주택의 건축 관계자들 각각의 입장에서 이번 프로젝트를 바라볼 필요가 있다. 이는 컨셉 스케치가 기어이 땅 위에 지어지는 도면이 되기 위한 전제 조건이자 필요조건이다.

첫째, 땅을 사고 집을 짓고 파는 발주처(건축주)의 입장에서 정리해보자. 금융권의 도움으로 토지를 매입했으니 사업의 시작부터 시간은 곧 돈이다. 하지만 신속한 사업 전개보다 중요한 것은 분양성이다. 주변에 비슷비슷한 주택이 널려 있다. 이들의 분양가보다 조건이 더 나아야 한다. 일반적으로 발주처는 이 부분을 '사업 용적률'을 높이는 것이라고 표현한다.

사업 용적률이란 발코니같이 법적 면적에 포함되지 않는 부분까지 계산한 용적률을 말한다. 등기부등본에 표시되는 용적률에는 이들이 포함되지 않으며, 발코니·테라스와 같은 면적은 서비스 면적이라고 부른다. 즉 '법적 용적률+서비스 면적=사업 용적률'이라는 공식으로 표현할 수 있는데, 서비스 면적은 입주자들의 마음을 끌 수 있는 상품 가치가 된다.

그런데 다세대주택에 숨겨져 있는 면적, 그것도 테라스라니, 이 부분이 있다면 충분히 다른 주택에 비해 월등한 경쟁력을 확보할 수 있다. 간단하게 표현하면, "다른 주택에는 없는 테라스를 우리는 덤으로 드립니다"가 된다.

둘째, 시공자의 입장이다. 여기서는 문제가 조금 복잡해진다. 테라스가 생긴다는 것은 그만큼 외부에 접하는 부분이 많아지고(거의 모든 건축물의 하자는 여기에서 기인한다), 접해 보지 않은 새로운 시공 방법을 익혀야 한다. 매 층마다 다른 평면이라면 설비, 마감 등의 전문 분야 시공자들에게도 부담이 된다.

시공의 완성도는 항상 최종 작업자의 손끝에서 결정되기 마련이므로, 작업자의 교육도 별도로 필요하다. 공사비 상승분을 최소화하기 위해서는 발주 단계의 준비가 여느 현장보다 치밀해야 한다. 다행히도, 여러 차례의 미팅 끝에 시공자는 이 프로젝트의 경험이 마지막이 아니라 시작이 될 것이라는 생각에 동의하게 되었다.

셋째, 사용자 즉 입주자의 입장이다. 이렇게 되면 분양받는 사람의 입장은 간단해진다. 도심을 벗어난 서울 근교 관리지역의 주택을 매입할 때 가장 중요한 것은 가격이다. 주변에 형성된 빌라의 분양가와 크게 차이 없는 주택이라면 선택의 고민도 그만큼 단순해진다. 현실이 그렇다. 그런데 같은 가격에 다른 곳에서 보지 못한 거실 앞의 테라스가 있다면 어떨까. 이미 비슷한 가격으로 빌라를 선택했지만, 그들은 자신들의 일상을 다양하게 상상할 수 있게 될 것이다. '나만의 테라스'가 그 역할을 할 테니까.

건축주와 시공자, 사용자의
시선에 서서

아파트와 단독주택 사이, 빌라를 바라보는 건축가의 시선은 바로 그곳에 있다. 다음의 그림은 각 층별 평면 컨셉 스케치다.

테라스하우스 평면 컨셉 스케치

각 층마다 거실과 안방의 위치가 조금씩 어긋나게 배치되어 있다. 그곳에 테라스를 설계한다는 제안이다. 2층과 3층의 평면을 들여다보면 거실은 좌우로 2미터가량 서로 다른 곳에 그려져 있고, 안방은 위아래로 위치를 바꿔 가며 그려져 있다. 벽식구조(기둥 없이 벽면이 힘을 받는 구조)의 주택에서 벽이 같은 자리에 없으니 구조기술사도 더 고민해야 하고, 안방의 화장실도 같은 자리에 없으니 배관 덕트도 고민해야 한다. 그뿐 아니라 테라스의 방수와 단열, 거실의 전력 인입 등 고민해야 할 부분이 한둘이 아니다.

그래도 이제 건축주, 시공자, 사용자의 생각을 모두 담은 설계가 비로소 시작할 준비를 마쳤다.

한 방향을 바라보는 약속, 출발점에 다시 서서

양평 프로젝트는 현재 개발 행위 허가(임야로 되어 있는 땅에 건축 행위를 해도 좋다는 허가)를 받은 상태다. 본격적인 건축 설계를 눈앞에 두고 있다. 전투복 차림으로 현장을 오르던 건축주는 드디어 제대로 첫발을 디뎠다며 들뜬 목소리로 전화했다.

아파트와 단독주택의 중간, 그 지점의 매력을 이번 다세대주택에서 찾을 것이다. '수직형 테라스하우스'를 만드는 이 시도를 성공적으로 끝내기 위해서는 넘어야 할 산이 많다. 최대한 사전에 제거해야 할 시행착오도 수없이 많다. 하지만 나는 오늘 가동 301호의 거실 테라스에 앉아 있다. 맞은편 다동의 복층주택 사이로 불어오는 바람을 맞고 있다. 내려다본 중앙 마당에서는 아이들이 놀고 있다.

전열을 가다듬고 사업 일정을 확정하는 대로 깃발을 꽂고 첫 단추를 끼우기로 했다. 여기까지가 본격적인 설계계약서를 체결하기 전의 작업들이다.

모두가 '한 방향'을 바라보고 성장하는 프로젝트, 그래서 성공하는 프로젝트로 가기 위한 첫 관문은 계약서다. 개발 행위 허가는 건축사사무소가 아닌 토목사무소에서 진행한다(지자체마다 절차가 조금씩 달라서 건축 인허가와 일괄 처리하기도 하고, 이번처럼 개발 행위를 먼저 처리하기도 한다). 이때 건축계획은 토목의 개발 행위를 위한 정도의 수준이다. 앞서 설명한 모든 스케치와 도면은 개발 행위를 위한 계획안을 내보낸 후 진행한 구체적인 작업이다.

나는 이 첫 관문을 제대로 통과한 적이 없다. 계약서는 항상 일이 시작되고 한참 뒤에야 형식적으로 체결되었고, 스스로 늘 어려운 위치에 놓이는 것을 자처해 왔다. 건축주는 사업이 진행되면서 숱한 위험을 만나고 사업의 틀을 수정하게 된다. 그러니 나의 맹목적인 열정은 사업의 위험 요소 앞에서 바꿀 수 있는 하나의 부품이 되기도 하거나 심지어 이용당하기 쉽기도 했다. 어려운 숙제, 그 땅의 문제를 해결하는 과정이 나는 좋았다. 그래서 좋은 건축물보다는 수익 보장을 원하는 건축주를 설득하기 위해, 비용을 더 받는 것도 아니면서, 두 마리 토끼를 잡기 위해 참 많이 뛰어야 했다. 건축주 입장에서 손해 될 게 없는 게임이었다. 건축가의 제안이 성공하면 더없이 좋고, 실패의 조짐이 보이면 언제든 그만둘 수 있는 게임이었다. 나를 힘들게 하는 건 청구하지 못한 비용만은 아니었다.

수없는 설계 변경과 시행착오, 공사 기간 연장으로 인한 실패는 모두 각자가 자신만의 이익을 위해 자신만의 방향을 보기 때문에 일어난다. 결국 관계자 서로 간의 불신이 사업을 실패로 몰아간다.

이번 프로젝트는 이 모든 것을 알고 있는, 서로를 존중하는 건축주 와의 새로운 출발이기도 하다. 제대로 된 권한과 책임, 보상에 대한 약 속 없이는 성공적인 프로젝트를 만들 수 없다는 것을 이제 알고 있다. 새로운 주택 브랜드를 위한 사업이고, 새로운 설계 제안이다. 설계계약 서 역시 이 모든 조건을 따져서 새롭게 작성되어야 한다. 이 프로젝트 의 등반을 끝까지 완주하기 위해 필요한 채비를 먼저 꼼꼼히 할 것이 다. 나 자신과의 약속이다.

숲이
집 안으로

숲세권, 나홀로 아파트 이야기

"이 땅이
돈이 될까요?"

돈이 되는 땅,
분양이 되는 땅

건축주는 땅을 매입하기 전 망설여진다며 연락을 해왔다.

"이 땅이 돈이 될까요? 아무래도 좋은 땅이 아닌 것 같아요. 경사도 심하고 바로 뒤에 숲도 있어서 이 땅이 돈이 될지 모르겠어요. 포기할까 하는데, 그래도 한번 와서 봐주시겠어요?"

오래전부터 알고 지내온 건축주의 얘기를 듣고 우선 부지를 확인하러 갔다. 전철역 인근의 토지는 경매로 나온 물건이었다. 서울 도심지의 나대지(지상에 건물이 없는 대지) 중에 가끔 경매 물건으로 나오는 경우가 있다. 전철역 인근의 정비 사업으로 대단지 아파트가 이미 형성된 상태였고, 정확한 이유는 알 수 없으나 아파트 단지 맨 끝의 자투리 토지였으니 나름대로 평균 이상의 투자가치가 있어 보였다. 토지의 시장 가격은 생각보다 단순하게 결정된다. 토지를 매입해서 주택 사업을 할 때는 예상하는 분양가에 토지비와 공사비, 금융 비용과 각종 간접비를 제하고 얼마나 이익이 남는지로 결정된다. 이때 매입하고자 하는 토지에서 실제로 건축 법규에 맞춰 예상한 건물 규모가 나오는지, 그리고 그 건물의 분양에 아무런 문제가 없는지 미리 알아야 한다. 이는 건축주가 사업 초기 단계에 건축가를 찾는 첫 번째 이유이기도 하다.

'이 땅이 돈이 될까요?'라는 말은 '이 땅에 주택을 지어서 분양이 잘될까요?'라는 말과 같다.

2021년 여름 처음 가본 현장의 첫인상을 지금도 기억한다. 지하철역을 돌아 빽빽한 아파트 대단지를 걸어 올라갔다. 길의 맨 끝에 다다르자 ○○산 근린공원이 눈앞에 나타났다. 손이 닿을 만큼 숲과 가까운 땅을 보며 머릿속에는 그림이 펼쳐졌다. 그 후로 땅 매입부터 설계 완료까지 약 10개월여의 치열한 시간이 지나고 이제 착공을 눈앞에 두고 있는 시점에 이 글을 쓴다.

숲 바로 옆에 위치한 삼각형의 경사진 부지

땅은 잘못이 없다
극복할 단점이 있을 뿐

부지 자체가 프로젝트의 발주처 실무팀뿐 아니라 인근 부동산 관계자들 모두에게 매력적이지 못했다. 부지의 초입부터 끝까지는 심한 경사면으로 이어졌고, 후면은 숲으로 가려져 있어 개방감도 없어 보였다. 게다가 부지는 건축하기 까다로운 삼각형 형태였다. 부지를 정리하는 토목공사 비용도 만만치 않아 보였다. 언뜻 보면 잘해봐야 다세대주택 세 동이 어깨를 맞대고 들어서면 다행인 부지처럼 보였다.

이런 경사진 부지가 값도 고가라니, 다세대주택 세 동을 지어서야 수익이 나겠는지 의심할 수밖에 없었다. 하지만 조금만 더 깊이 생각해보면 이 모든 단점은 사실 장점이었다. 다른 도심의 사업지에서는 절대 가질 수 없는 장점 말이다. 모든 땅은 그만의 장점이 있다. 그것을 알아채지 못할 뿐이다. 설계란 이런 장점들이 극대화될 수 있도록 돕는 일이다. 프로젝트의 설계 컨셉 대부분은 현장에서 정리된다. 현장을 걷고 둘러보며 현장만이 갖고 있는 환경에 집중하는 시간이 그래서 무엇보다 중요하다. 이 부지의 단점이자 장점은 매우 명확해 보였다.

첫 번째 문제였던 부지의 경사면은 오히려 다행스러운 점이었다. 이 경사가 없었다면 이번 사업의 수익은 기대하기 힘들었을 것이다. 용적률 200%라는 법규 때문에 지상의 연면적은 대지 면적의 두 배를 넘지 못한다. 이때 지하의 면적은 용적률을 계산하는 면적에서 제외되며, 건축법상 지하층은 지하 공간의 2분의 1 이상이 흙에 묻힌 경우를 말한다. 경사면 덕택에 반 이상 흙에 묻혀 있지만 마치 전면은 1층 같은 지하층의 상가를 형성할 수 있었다. 이렇게 된다면 수익은 지하상가로 인해 극대화될 것이 명확했다.

보통 램프(경사면)의 각도와 대지의 길이가 맞아떨어져야만, 용적률에 포함되지 않는 마치 1층 같은 지하층을 형성할 수 있고, 수익도 극대화된다. 너무 완만한 경사면이라면 지하층으로 계산될 수 없고, 또한 너무 급경사라면 외부에 접한 1층 같은 지하층을 기대하기 어려워진다. 현장에서 조사해 보니 램프의 기울기는 휠체어가 오르내릴 수 있는 기울기인 12분의 1에 가까워 모두가 쉽게 접근할 수 있는 경사면이었다. 또한 지하층의 층고를 4~5미터로 계획한다면 상가가 접한 부지의 길이는 대략 50~60미터가 되어야 했는데, 놀랍게도 정확히 맞아떨어졌다.[•]

결국 램프가 시작하는 지점인 지하층 입구부터 경사면을 따라 올라가 도달하는 램프의 맨 마지막인 1층 입구까지를 계산해 보면, 안정적인 지하층의 층고를 확보할 수 있는 대지의 길이가 나온다는 것을 알 수 있었다. 오른쪽 그림의 전면 부분이 바로 지하층이다. 경사면을 따라 반쯤 외부로 드러나 있다. 지하층으로 인정받을 수 있는 계산 결과가 정확하게 나오는 땅이다.

또한 경사가 시작되는 초입에 지하주차장의 출입구를 배치해서 지

• 기둥으로 형성되는 지하층 위에 벽식구조의 아파트가 올라가려면 일반 건축물보다 큰 사이즈의 보(기둥과 기둥 사이의 천장 부재)가 필요하고 4미터 이상의 층고가 필요하다.

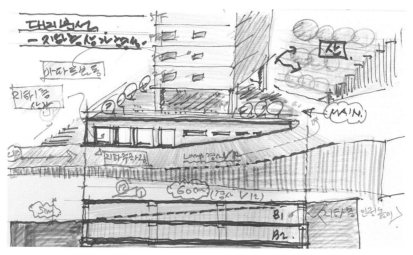

경사로를 이용한 지하층 구성 방법

하주차장으로 내려가는 높이와 동선을 최소화하고 상가의 출입은 아파트의 출입과 완전히 분리되는 독립성을 가질 수 있다. 그만큼 수익에 유리해지는 것이다.

두 번째 문제였던 숲과 인접한 비좁아 보이는 땅 또한 장점이었다. 사실 건축주가 분양성이 좋은 아파트보다는 다세대주택으로 사업을 검토하게 된 것은 까다로운 법규 때문이었다. 부지는 제2종 일반주거지역이다. 우리나라 건축법 중에서도 가장 규제가 심한 부지로 '정북 방향 이격 거리'라는 것이 있다. 북쪽의 인접 대지 경계선에서는 건물 높이의 반 이상을 띄워야 한다는 내용이다. 인접한 건물에 그림자가 지지 않게 하기 위함인데, 이런 환경에서는 주택을 계획하기가 쉽지 않다.

게다가 아파트를 지을 때는 북쪽뿐 아니라 창문을 내는 쪽으로도 이격 거리를 두어야 한다. 그래서 이런 까다로운 법규에 해당하지 않는 다세대주택을 계획할 수밖에 없었다. 다세대주택은 북측 이격 거리 제약만 있으며, 인접 대지 경계선에서 띄워야 하는 거리도 1미터로 아파트의 3미터에 비해 자유롭다.

이 부지는 두 가지 문제를 다 안고 있었다. 아파트를 고려하기 어려울 만큼 좁은 땅이었고, 이 정도의 면적에서 이격 거리와 창문 쪽 거리까지 확보한 아파트 설계를 하면, 각 실의 크기와 구성 등에서 크게 제약을 받을 수밖에 없어 보였다.

그런데 관점을 조금만 바꿔 보면, 부지의 북측을 제외하고 나머지는 도로와 숲에 접해 있어 창을 내는 설계가 오히려 자유로웠다(참고로 창을 내는 방향으로 도로 쪽은 도로의 중심선에서부터 띄우는 거리를 계산하고, 숲이나 공원 쪽으로는 반대편의 경계선부터 거리를 계산한다). 그래서 정북 이격 거리가 확보되어야 하는 쪽으로 창문에 대한 제약도 풀어 보면 어떨까 생각했다. 그 결과 북측의 인접 대지 쪽으로 창문을 내는 데 기준(인접지 쪽으로 창문 크기는 0.5제곱미터 이하여야 한다)만 유념한다면, 충분히 아파트의 계획이 가능한 부지임을 확인할 수 있었다.

그러자 개방감이 없어 보이는 문제, 한 면의 조망이 숲으로 이뤄진 문제가 순식간에 장점이 되었다. 결국 이 부지의 단점이 이번 설계 컨셉의 핵심으로 승격된 시작점이기도 하다.

이런 점들을 열거해 보니 건축가인 내게도 이 땅은 더없이 매력적인 땅이었지만, 수익성 여부에만 국한해 땅을 평가하더라도 더없이 좋은 땅이었다. 이것이 건축주 실무팀의 '이 땅이 돈이 될까요?'라는 질문에 대한 답이었다.

"물론입니다. 이 땅은 돈이 되는 정도가 아니라 고객들에게 브랜드를 명확히 알릴 기회가 될 겁니다."

"수익도 내고 회사의 브랜드도 알릴 수 있다고요? 그렇지 않아도 이 정도 규모의 주택 사업을 계속해 볼까 고민 중이었는데, 그게 가능하다는 건가요?"

"나홀로 아파트라고 하죠? 다른 건설사에서는 미처 선택하지 못하는 어려운 땅, 그런 땅에 짓는 아파트가 될 겁니다. 게다가 돈도 되는 새로운 아파트 말입니다."

이렇게 건축주는 땅을 매입하게 되었고, 나는 구체적인 설계에 착수했다. 이 땅을 새로운 시각으로 보았다면 설계 또한 새로워야 그 빛을 발할 수 있다. 가장 일반적인 주택 사업의 관점은 당연히 '수익성'이다. '토지비와 공사비를 투입해서 얼마만큼의 수익을 낼 수 있는가?' 그리고 '수익을 내기까지의 위험 요소를 최소화할 수 있는가?' 과연 '수익성'에 국한된 전통적인 사업 관점과 땅을 새롭게 해석한 설계의 관점 사이에서 최종 의사 결정은 어떻게 되었을까?

건축은 반짝이는 아이디어만으로 완성되지는 않는다. 아이디어가 스케치가 되어 종이에 그려지고, 스케치가 도면으로 만들어지는 과정은 지독한 싸움의 과정이다. 그렇게 설계 컨셉은 한 장의 만화가 되어 사라지기도 하고, '언젠가 다시 꺼내 보리라' 서랍 속에 잠들기도 한다.

"이 땅에
무엇을 지을까요?"

아파트를
지어 보자고요?

토지를 매입한 뒤에도 건축주는 계속 혼란스러워했다.

"아파트를 지어 보자고요? 제2종 일반주거지역의 땅에 아파트가 가능할까요? 사업 기간도 오래 걸릴 것이고, 그냥 다세대주택을 지어서 빨리 털어 버리는 게 낫지 않을까요?"

"새로운 아파트를 선보여서 회사 브랜드를 만드는 것도 욕심나지만, 어쩐지 좀 불안해서요."

전국의 모든 토지는 그 쓰임에 따라 주거지역, 상업지역, 공업지역, 녹지지역 등으로 구분해서 효율적으로 관리하고 있다. 특히 주거지역은 전용주거, 일반주거, 준주거로 구분하고, 그중에서도 일반주거지역은 1종, 2종, 3종으로 세분해서 그 토지에 맞는 건폐율과 용적률을 정한다. 이번 사업의 땅은 제2종 일반주거지역으로, 중간 정도의 밀도를 목적으로 규제하는 땅이다. 게다가 서울은 제2종 일반주거지역 중 상당 부분을 7층 이하 개발로 한 번 더 규제하고 있다. 이번 사업지도 그 범주에 포함된다. 인구가 집중되는 서울은 저층 주거지역의 수요가 반드시 있을 터이니, 그 수요에 맞춰 토지를 관리하고 있는 것이다. '제2종 일반주거지역(7층 이하)'의 땅에 아파트를 짓자는 제안이니 건축주의 혼란도 충분히 이해가 된다.

수많은 설계의 목적물 중에서도 분양을 목적으로 하는 공동주택˙의 설계는 특별하다. 수익 극대화가 최종 목표이고, 모든 의사 결정의 기준이 된다. 그러니 대부분 토지를 매입하여 주택을 짓고 분양해 얻게 되는 수익 외에는 그 어떤 것도 고려의 대상이 아니다.

숲을 바라보는 장점이 있으나 이번 사업지도 예외는 아니었다. 게다가 겨우 1150제곱미터(약 350평)의 세모 모양인 까다로운 땅임을 감안하면 선택의 폭도 넓지 않다. 오로지 법규가 허용하는 최대의 면적과 수익 극대화라는 발주처의 요구에 집중한다면 누구나 다세대주택˙˙을, 그것도 한두 타입의 단위세대 설계도면으로 일괄 정리할 수밖에 없을 것이

˙ 건축물의 벽·복도·계단이나 그 밖의 설비 등의 전부 또는 일부를 공동으로 사용하는 각 세대가 하나의 건축물 안에서 각각 독립된 주거 생활을 할 수 있는 구조로 만든 주택을 말한다.
˙˙ 주택으로 쓰는 한 개 동의 바닥 면적 합계가 660제곱미터(약 200평) 이하이고, 층수가 네 개 층 이하인 주택을 말한다.

다. 실제로 우리는 이 땅에 가능한 모든 경우의 공동주택 안을 초기에 검토했는데, 이해를 돕기 위해 검토했던 안 중 세 개의 안*을 예시로 들어본다.

오로지 땅의 형태와
기본 법규만을 가지고 배치한 평면

1안 다세대주택형 세 개 동 배치안(가운데)

우선 다세대주택 세 동의 설계안은 대략 이런 모습이다. 세 동이지만 계단실을 적절히 구성하여 프라이버시도 어느 정도 확보된 안이다. 이 배치도처럼 주택 세 동이 마주 볼 때 프라이버시가 가장 취약한 곳은 서로 창문이 마주 보게 되는 지점이다. 이곳에 공동 계단실을 배치하고 나머지 공간을 설계해 최대한 프라이버시를 확보했다.

2안 원룸형 아파트 한 개 동 배치안(오른쪽)

두 번째 비교할 설계안은 원룸형이다. 세 안 모두 주변 환경보다 효율을 강조한 것이지만, 이 원룸형 배치도는 그중에서도 가장 그렇다(계단실과 같은 공용면적 대비 전용면적을 최대한 확보한 그림이다). 원룸형은 주된 거실

---

* 본격적인 설계를 진행하기 전 우선 규모 검토 단계를 거친다. 건축물 설계 전 또는 부지 매입 전에, 어느 정도 규모의 건물이 들어설까 하는 사업성을 검토하는 단계를 말한다. 다음의 세 안은 규모 검토 단계 후 상당히 설계가 진행된 그림이라는 것을 일러둔다.

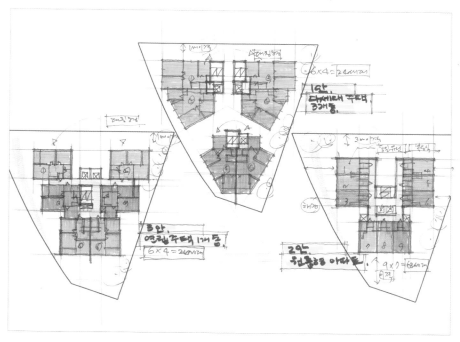

세 가지 제안(다세대주택, 아파트, 연립주택)

의 창문이 하나로 구성된다. 이 경우 가장 많은 세대를 확보하기 위해 동서남북 등 주변 환경의 고려 없이 주택을 배치했다. 각 거실의 방향 이 동, 남, 서 제각각이다.

3안 투룸형 연립주택 한 개 동 배치안(왼쪽)

마지막으로, 투룸형 연립주택 검토안이다. 저층형 아파트의 장점을 살린 두 가지 타입의 공동주택이다. 다세대주택은 한 동의 연면적이 660 제곱미터(약 200평)를 넘을 수 없다는 제약 조건이 있지만, 연립주택에는 그런 제약 조건이 없다. 한 층에 더 많은 면적을 확보할 수 있어 효율적이지만, 여전히 주변 환경은 고려할 수 없다.

위 세 가지 검토안에는 공통점이 있다. 물론 수익률만 고려하면 커트라인은 훌쩍 넘는다는 공통점도 있지만, 무엇보다 오로지 땅의 형태와 기본 법규만을 가지고 평면을 배치했다는 공통점이 있다. 본래 발주처는 이 세 가지 안에서 방향을 잡자고 했다. 설계를 하는 입장에서도 가장 쉽게 일할 수 있는 안이기도 하다. 그런데 현장은 거기 만족하지 말라고 내게 말하고 있었다. 모든 건축 부지는 각각 유일하며, 저마다의 의미와 건축가에게 주는 도전 과제가 있다. 오직 현장을 방문해야 알 수 있는 것들, 방문한 뒤에는 돌이킬 수 없는 경험과 상상이 있다. 30년을 반복했어도 새로운 부지와의 만남은 매번 그렇다.

어느 지점에 서자
초록이 눈앞에 한가득

2021년 여름, 현장을 방문해 주변을 둘러보고 곳곳을 걸었다. 주택이 들어선다는 가정하에 곳곳을 살폈다. 흥미롭게도 건물이 들어서는 방향에 따라 주변 환경이 완전히 달라졌다. 대지의 경사면 어느 지점에 서자 초록의 잎들이 눈앞에 가득했다. 고개를 돌리자 남쪽으로 막힘없는 도로가 있고, 서쪽으로는 아파트 사이로 들어오는 석양의 도시 풍경이 그려졌다. 각각의 단위세대가 갖게 될 서로 다른 거실과 식당의 즐거운 풍경을 상상했다.

다세대주택 세 동을 설계하기에는 아까운 땅이었다. 한 층에 몇 세대를 구성하든, 한 가지 타입이 아니라 이 특별한 조건의 대지에 놓이는 세대의 위치에 따라 서로 다른 타입의 설계가 필요해 보였다. 입주자도 반가워할 일이지만, 이 복잡한 설계가 결국 건물의 가치를 올릴 것이라는 확신도 들었다. 그렇게 나는 한 타입의 다세대주택을 제안하면 수월했을 일을, 설계비를 네 배로 청구할 수도 없으면서, 고작 28세대를 위해 총 네 개의 서로 다른 타입의 설계안을 제안하게 되었다.

대지의 조건에 따라 어떤 건물을 세울지 컨셉을 결정하면서 가장 먼저 해야 할 일은 대지가 갖고 있는 특정지의 법규를 확인하는 것이다. 특히 분양이 목적인 건축물이라면 법규를 토대로 면적을 최대화할 방법을 찾는 일이 우선인데, 앞에서 언급한 것처럼 이곳은 제2종 일반주거지역, 용적률 200% 이하인 토지였다.

주차 목적으로 사용하는 필로티 구조(벽체 없이 기둥으로만 형성된 공간)로 1층을 가정하면, 층수에서 제외되므로 결국 8층까지 가능한 지역이 된다.

그럼, 이야기는 간단해진다. 지상의 가능한 총 연면적을 계산하고, 그 값을 일곱 층으로 나누면 한 층에 들어서는 아파트의 면적이 나온다. 단위세대의 전용면적이 약 70제곱미터(약 21평)로 정해진 이유다. 또한 이번 현장의 대지 조건은 까다롭다. 북동측의 인접 대지와 아파트 단지, 북서측의 도로와 반대편의 아파트 단지, 램프를 따라 형성된 또 다른 도로와 개방감 있는 남서측이 있다. 가장 중요한 남동측의 숲속

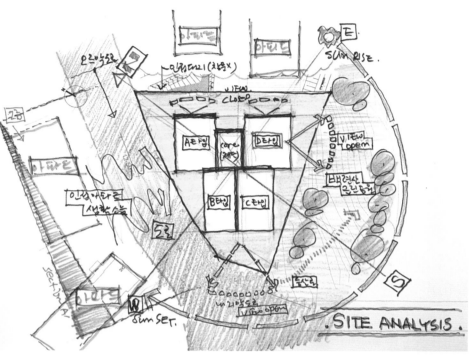

대지 환경 분석도(네 타입의 단위세대 아파트)

조망까지 어느 것 하나 일반적인 것이 없는 대지였다.

이 모든 조건을 고려한 결과 전용면적 약 70제곱미터의 총 네 타입의 단위세대가 확정되었다. 한 층에 방 3개의 아파트 28세대다. 다세대주택이건 아파트건 모든 공동주택은 일정 규모 이상이 되면 일반적인 '건축 허가'가 아닌 '사업 승인'이라는 행정절차를 통해 훨씬 까다롭게 사업을 규제한다. 지금은 그 사업 규모를 30세대를 기준으로 하고 있으나 10여 년 전에는 20세대를 기준으로 했다. 서울의 주거지역, 특히 강남의 이면도로에서 꽤 큰 평형대로 구성된 한 개 동 19세대의 고급 아파트를 종종 보게 되는 이유다.

이 제안은 발주처도 꺼릴 정도로 복잡했다. 성공적인 분양이 거의 확실한데 복잡하게 고려해야 할 것이 많은 안으로 보였을 것이다. 결국 장기적인 관점에서는 건축물의 가치를 크게 높일 수 있는 일인데도, 오히려 네 배 이상의 수고를 더 해야 하는 내가 발주처를 설득하는 상황이 벌어졌다. 요청에 따라 설계안을 다듬고, 또 다듬고 참 많은 노력과 시간을 기울였다.

오직 이곳, 이 땅에서만
경험하는 주택

공동주택은 설계가 확정된 이후 입주자가 결정된다. 설계가 이뤄지는 동안 다른 용도의 건축물과 달리 누가 주인이 될지, 또는 누가 사용자가 될지 알 수 없다. 그 알 수 없는 모호함 때문에 보통은 분양이 보장되는 안전한 설계, 또는 익숙한 설계를 선택한다. 위의 세 가지 검토안이 그렇다. 누가 사용할지 몰라 마음 편한 설계 과정이기도 하고, 누구인지 모를 건축주를 상상해야 하기에 더더욱 신경이 쓰이는 설계 과정이기도 하다.

이번 프로젝트가 수백, 수천 세대를 위한 것이었다면 또 달랐을 것이다. 주어진 대지의 주변 환경보다는 그동안 수없이 다듬어지고 검증된 한두 가지 타입의 단위세대를 적절히 배치하는 것이 무엇보다 중요한 일이었을 것이다. 하지만 이번 프로젝트는 단 30세대 이하 규모(이것은 건축 허가와 사업 승인의 기준이기도 하다)의 특별한 사람들을 위한 소규모 아파트다. 오직 이곳, 이 땅에서만 경험할 수 있는 주택이 세워져야 하는 이유다. 수천 세대의 검증된 단위세대 하나를 집게로 뽑아서 이곳에 가져와 세운다 한들 주변 환경과 어떻게 어울리겠는가.

'이 땅에 무엇을 지을까요?'라는 질문의 답은 바로 그 땅이 가지고 있다. 오직 이 땅에서만 가능한 어떤 공간에 대한 경험이 있고, 그 경험은 다시 그 땅의 가치를 높여 준다. 숲과 전용공간 간의 경계가 없는 설계를 제안하고 합의점을 찾아가는 과정은 어려웠다. 몇 번이나 넘어졌던 그 과정이 결국 그 땅이 알려주는 답으로 가는 길이었다.

발주처와 관계자들의 피드백을 수렴하며 점차 완성도 있는 계획안을 만들어 갔다. 그 과정은 매번 풀지 못하는 수능 문제를 만나듯 고단했다. 하지만 어려운 관문마다 절묘하게 방법을 찾아내는 기쁨도 있었다. 그렇게 결정된 최종 안이 지상에 단단히 뿌리박고 살아 있는 공간이 되기까지는 상상도 하지 못할 역사가 필요하다. 이 땅이 돈이 되는지의 해답보다, 이 땅에 무엇을 지을지의 해답보다 어쩌면 훨씬 중요한 이야기가 될 것이다.

아파트 욕실에는
왜 창문이 없을까?

욕실도
창을 원한다

영화의 한 장면이었다. 제목과 줄거리는 기억나지 않지만, 거품 많은 욕조였고 팔걸이 위로 커다란 창문이 있었다. 아침 햇살이었는지 석양 빛이었는지, 욕실의 수증기마저 평화로웠던 장면이었다. 도시의 아파트에서는 볼 수 없는 장면이었다. 창문이라니. 빽빽한 아파트 단지의 프라이버시를 생각하면 언감생심 불가능한 일이다. 게다가 창밖으로 무엇을 볼 수 있겠는가. 욕조에 잠겨서 보는 이웃집 아파트 주방 창이라니.

　이번 아파트 프로젝트에서 그 장면이 가능할 거라는 생각은 작업 내내 우리를 흥분시켰다. 한가득 숲이 들어온 안방 욕실은 그렇게 시작되었다.

　이번 글에서는 조금 상세하게 설계도면에 대한 이야기가 펼쳐진다. 우리는 안방 욕실에 창을 냈을 뿐 아니라 숲의 나무 한 그루가 집 안으로 들어오는 듯한 경험을 주기 위해 기존의 틀을 깨는 아파트 공간을 제안하게 되었다. 이 대지의 조건을 입주자가 최대한 누릴 수 있게 하면서 그와 동시에 수익 면에서 발주처에도 무조건 유리한 제안이어야 했다. 1, 2센티미터도 아까운 아파트의 치열한 전용면적 싸움은 생각보다 훨씬 고되다.

　이 글을 읽고 여러분이 살고 있는 아파트에 대한 이해가 좀 더 깊어지기를 기대한다. 그래서 던지는 첫 질문. 여러분이 살고 있는 아파트의 욕실에는 왜 창문이 없을까? 불필요한 공사비 증가, 인접한 아파트에서 욕실이 보인다는 프라이버시 문제 또는 난방 문제 등을 떠올려 볼 것이다.

　하지만 정작 문제는 발코니다.

'아파트 설계를 잘한다'는 칭찬의 의미

아파트라는 명칭의 주거 형태가 처음 우리나라에 들어왔던 1960년대 이후 꽤 오랫동안 고착된 말 그대로의 발코니가 있다. 우리나라 전통 주거의 양식을 생각해 보면 그 이유가 명확해진다. 외국의 아파트와 비교해 보면 우리나라의 아파트는 공간 구성이 확연히 다르다. 그것은 전통 한옥에서 보이는 공간의 구성에서 기인한다. 안방과 건넌방 사이의 대청마루, 사람들은 그 마루 공간에서 비 오는 마당을 구경하기도 했고, 집 안으로 들어오는 바람을 맞이하기도 했다. 집의 실내, 방의 공간도 아니고 그렇다고 외부 공간은 더더욱 아니었다. 주택을 풍성하게 만드는 절대적인 요소가 마루였다. 현대의 우리나라 아파트에도 이 마루의 공간을 중심으로 방과 주방 등이 배치되었다. 층층이 집이 쌓여 올라가면서 실내의 중심인 거실이 이 마루의 역할을 대신하게 된 것이다. 보일러가 주택의 난방 문제를 일거에 해결하고 아파트가 그 수혜를 입으며 우리나라 대부분의 주거 양식을 바꿨다. 그렇다고 해서 모든 주거 양식이 실내에서 시작해 실내에서 마무리되는 편리성만으로 정리되지는 않았다. 아파트가 다 하지 못하는 전통 주거의 마루 역할을 발코니가 대신했다. 한동안 발코니는 그렇게 내부와 외부를 잇는 전이 공간의 모습으로 사람들에게 기억되었다.

현재 아파트 설계의 모든 발코니는 확장형으로 계획된다. 원래 발코니는 방과 거실의 문밖 공간이었다. 전용면적에 포함되지 않지만 처음부터 확장해서 전용면적처럼 쓸 수 있는 공간이다. 등기부등본에도 없고 세금도 내지 않는 면적을 내 것으로 쓸 수 있으니 얼마나 기분 좋은 일이겠는가. 그러니 '아파트 설계를 잘한다'는 말은 곧 확장형 발코니를 최대한 확보해서 전용면적화한다는 말과 동일할 정도가 되었다.

하지만 주방의 설비나 욕실의 설비가 있는 경우는 발코니 확장이 불가능하다. 발코니를 포함한 서비스 면적에 주요 설비 기능을 둘 수 없다는 규제 때문이다. 예를 들어 발코니를 확장하기 전 방의 폭을 최소

2.1미터로 규제해 둔 이유도 여기에 있다. 발코니를 확장하지 않을 경우에도 공간의 주요 기능은 남아 있어야 하기 때문이다. 대부분 아파트의 작은방 크기가 3.6미터인 이유도 여기에 있다. 발코니 폭 1.5미터와 최소 방의 폭 2.1미터를 합한 크기다.

결국 발코니로 확장할 수 없는 욕실에 창문을 두어 외기와 접하게 설계한다는 것은 '아파트 설계를 잘 못한다'는 말이 된다. 발코니를 확장해서 최대치의 서비스 면적을 제공하기 위해서는 바로 그곳, 발코니에 화장실을 배치하지 않아야 한다. 결국 창문 없는 평면의 한가운데, 외기에 접하지 않아도 되는 곳에 욕실을 배치하는 것이 합리적이라는 결론에 이른다. 여러분 가정의 아파트 욕실에 창문이 없는 이유다.

숲과 경계를 이루는 아파트:
욕실을 숲과 나란히

일반적인 아파트에서 흔히 볼 수 있는 구조가 아닌, 오직 이곳에서만 가능한 아파트를 설계하기 위해서는 이런 고정관념을 잠시 넣어 두어야 했다. 게다가 거실 바로 앞에 숲이 펼쳐지는 도심의 아파트 설계라면 더욱 그렇다. 면적에 손해되지 않는 욕실의 창과 확장하지 않아도 되는 발코니, 거실과 식당의 조망까지 확보하려면 어떻게 해야 할까? 숲의 자연과 외벽의 콘크리트가 만나는 지점에 답이 있지 않을까? 내부와 외부, 그 경계에 있는 창문과 발코니에 집중하면 숲을 향한 최적의 공간을 만들어 낼 수 있으리라. 여기서 출발했다.

초기 안 숲 조망에 집중한 D타입 평면 스케치

우리는 네 타입 중에서도 가장 넓은 면적의 숲과 경계를 이루는 D타입에 집중했다. 남동측의 작은 숲을 집 안으로 가져올 수 있다면, 지금까지 보지 못한 아파트의 설계가 가능할 것 같았다. 단순히 풍경으로의 숲이 아니라 경험하는 도심의 숲으로.

초록을 평면 한복판으로 들여오기 위한 스케치의 첫 그림은 각 실의 위치를 정하는 것으로 시작했다. 아래 그림의 초기 안을 보면 일반적인 4베이(4-Bay, 거실을 포함해 네 곳의 공간이 전면을 향해 있는 구조) 아파트처럼 거실을 중심으로 나머지 공간이 일렬로 배치된 듯 보이지만, 아파트의 실질적인 중심 공간은 식당이다. 식당을 중심으로 방과 거실이 있다. 물

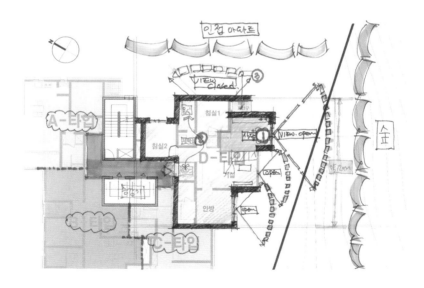

D타입 평면 스케치 초기 안

론 거실을 중심으로 식당과 방이 배치되어 있다고 볼 수 있지만, 식당 앞의 숲은 그만큼 중요했다. 그림에서처럼 식당 한가득 숲을 가져오는 창문을 내기 위해서는 몇 가지 문제를 해결해야 했다. (그림의 ① 부분)

우선 식당, 거실, 안방을 숲이 보이는 방향으로 배치하고, 언제나 주방 옆에 붙어 다니는 다용도실까지 고려하니 숲으로 열린 평면의 폭이 너무 숨차 보였다. 여유가 없어 보였다. 다용도실에 할애할 만큼 넉넉한 조망권이 아니었다. 다용도실의 기능이 무엇인가. 아파트의 다용도실은 원래 보일러 공간에서 시작해 지금은 세탁 공간이 되어 있다. 그런데 왜 아직도 다용도실이 주방 옆에 꼭 붙어 있어야 하는 것일까? 이 세탁과 수납으로 쓰이는 공간을 반드시 주방 옆에 확보하기 위해 입주자는 많은 희생을 감수해 왔다.

결국 우리는 불필요하게 커져 있는 주방 옆의 다용도실을 과감히 없애는 데 합의했다. 그 대신 그 기능에 맞는 새로운 공간을 제안했다. 현관에 들어서 중문을 열면 바로 보이는 아파트의 주 화장실 바로 앞에 세탁실을 구성했다. (그림의 ② 부분)

다용도실의 기능은 크게 세탁 공간과 수납공간이다. 우선 세탁 공간의 위치를 현실적인 곳으로 제안했다. 집에 들어와 샤워하기 전 세탁기에 각자 옷을 집어넣는 간략한 동선이 정리되었다. 그리고 여러 벽면을 활용하여 수납공간 또한 희생되지 않도록 보완했다.

다음은 식당 옆 작은 방의 발코니 부분이다. 여기는 확장하지 않는 발코니와 보일러실이다. (아파트의 세대에는 화재 등의 위급 상황에 대비해 법적인 피난 동선을 둔다. 잠시 피해 있는 대피 공간이나 바닥을 열고 아래층으로 내려갈 수 있는 하향 피난구가 있다. 이번 계획안에서는 하향 피난구를 계획했고, 그곳은 확장이 안 되는 발코니여야 한다.) 발코니를 가로 방향 큰 폭으로 설치하지 않고 외기에 접하는 세로 방향 작은 폭으로 설치했다. 그렇게 찾은 숲으로의 조망이 주방과 작은 방에 할애될 수 있었다. (그림의 ③ 부분)

이렇게 초록의 숲을 아파트의 평면 내부로 끌어들였다. 1차로 마무리된 평면을 3D로 올려 보았다. 거실, 안방, 주방, 식당, 작은방까지 거의 모든 실에서 숲을 느낄 수 있게 배치했으나, 여전히 흡족하게 다음 단계로 진행하지 못했다. 아쉬웠다. '단순히 풍경으로의 숲이 아니라 경험하는 도심의 숲'을 만들자는 처음의 생각에는 미치지 못한 결과였다. 뭔가 2% 부족한 느낌을 지울 수가 없었다.

생각했다. 숲을 경험한다는 것은 무엇일까? 숲을 바라보는 행위가 몸의 어딘가로 깊이 들어와 긴장을 풀게 하고 '힐링'할 수 있게 한다면, 그리고 맨발로 데크에 덮인 낙엽을 밟으며 차 한잔 할 수 있다면, 그럴 수 있다면 비로소 도심의 숲을 경험하는 일이 되지 않을까?

그렇게 우리는 두 가지 공간을 다시 계획했다.

첫째, 안방의 욕조에 누워 바라보는 '힐링'의 숲이다. 둘째, 숲의 나무 한 그루가 침범해 들어온 발코니다.

하지만 초기 안은 이미 숲의 조망을 적극적으로 모두 사용해서 만든 공간들이었다. 그 공간에서 숲과 함께하는 느낌이 부족하다는 생각이 들었다. 그렇다면 계획안은 처음부터 다시 고민되어야 한다. 우리는 스케치의 첫 장을 다시 꺼냈다.

최종 안 나무 한 그루가 거실로 들어온 D타입 평면 스케치

안방 욕실을 숲의 조망을 위한 방향으로 우선 배치해 보았다. 안방 전면 발코니의 폭을 반쯤 할애해서 욕실을 배치하는 방법이다. 하지만이 경우라면 안방의 전면이 1.8미터밖에는 남지 않는다. 아무리 욕실의 조망을 위해서라고 해도 안방의 창을 작은방 창 크기 정도로 줄일수는 없는 노릇이었다. (그림의 ① 부분)

　숲의 조망을 위한 D타입의 안방과 안방 욕실은 포기 직전까지 갔다.이때는 이미 A, B, C, D 각 타입의 단위세대 경계선을 결정하고 난 뒤였다. 지긋지긋한 면적 싸움을 마친 상태였으니 D타입과 그 아래에 있

D타입 평면 스케치 최종 안

는 C타입의 경계가 이미 명확했다. 틀이 정해져 있는 평면 경계선 안에서 답이 없는 씨름이 계속되었다.

답이 없다면, 이미 정해진 것처럼 보이는 세대의 경계선을 흔들어 보자고 생각했다. D타입 안방 욕실을 C타입의 경계 아래로 침범해서 내리는 방법으로 D타입 안방의 창문 폭을 확보해 보았다. 간단한 방법이다. (그림의 ② 부분)

그렇게 D타입의 안방과 욕실의 문제를 해결하기 위해 아래쪽 C타입의 평면으로 욕실을 밀어 배치하고, 대신 늘어난 만큼의 면적을 다른 곳에서 블록처럼 맞춰 나가면서 해결했다. 마침내 욕조에 기대서 보는 팔 높이의 욕실 창문과 안방의 채광이 동시에 해결되었다. (그림의 ⑤ 부분)

수학 문제를 풀듯
퍼즐을 맞추며

아파트 설계의 절반은 면적 싸움이라는 말이 있다. 정해져 있는 용적률에 포함되는 면적을 소수점까지 정확히 맞추는 것이 최대의 이익을 가져온다. 아파트 면적은 크게 현관을 열고 세대 안에서 사용하는 전용면적, 확장형 발코니의 서비스면적, 그리고 입주민들이 공동으로 사용하는 공유면적 등으로 구성된다. 특히 공유면적은 승강기, 계단실 등 주거 외 공유면적과 세대를 둘러싼 벽체의 중심선에서 세대 안쪽의 벽체 면적인 주거 공유면적으로 구성된다. 이때 한 곳의 전용면적을 키우고 그만큼의 면적을 다른 곳에서 줄인다고 해서 합계가 맞아떨어지지는 않는다. 벽체의 공유 면적이 변하기 때문이다. 그래서 공간을 움직이는 것은 정교한 2차 방정식의 수학 문제를 푸는 것과 같다고 할 수 있다.

그렇다면 위 해결 방법에는 심각한 문제가 있다. 이미 결정된 C타입의 평면 구성을 침범하게 될 뿐만 아니라 D타입의 전용면적도 늘어나는 바보 같은 결과가 초래된다. 게다가 C타입의 방 옆으로 화장실이 내려오게 되면 그 영역을 ㄷ 자로 공사해야 하는데, 불합리한 평면 구성이자 공사가 된다. (그림의 ③ 부분)

두 가지 방식으로 해결되었다. 우선 늘어난 D타입의 전용면적을 전체적으로 줄이는 작업이다. 예를 들어 면적에 포함되지 않는 화장실과 주방의 덕트 크기를 늘려서 설비 공간을 충분히 확보하고 또한 침실1과 주방 사이의 벽체를 10센티미터씩 밀고 당기면서 그렇게 줄어든 주방의 면적은 피난구로 표시된 발코니를 키워서 해결했다. 어차피 여기는 전용면적에 들어가지 않는 서비스 면적이니 가능한 방법이다. 이쯤 되면 눈을 감아도 숫자들이 보인다. 벚꽃잎이 날리듯 눈앞으로 한가득 숫자들이 돌아다녔다.

다음은 C타입 방의 외벽 선과 D타입 안방 욕실의 벽 선이 불합리하게 연결되는 지점이다. 이 문제를 해결하기 위해 어긋나는 벽 선으로 생긴 작은 부분을 욕실의 덕트로 활용했다. 불합리한 공간의 문제도 해결되었을 뿐 아니라 C타입 작은방의 창문도 더 최적화되었다. 보통 다른 환경이었다면 창문의 개방감이 줄어든 것처럼 느껴질 수 있지만, 창문 너머 숲을 이용하면 무조건적인 개방감보다 숲을 액자처럼 끌어

들일 수 있어 더 드라마틱하게 풍경과 하나되는 공간이 탄생하게 된 것이다. (그림의 ④ 부분)

퍼즐을 맞춰 완성된 최종 안은 숲을 바라볼 수 있는 욕실과 함께 자연 그대로의 안방 발코니를 가지게 되었다. 자연 그대로의 발코니는 반드시 필요했다. 이 공간은 확장형 발코니로 사라져서는 안 되는 핵심적인 공간이었고, 입주 후에도 사라질 이유가 없게 설계했다. 이곳을 확장해서 사용한다면 안방의 형태가 반듯하지 않고 ㄱ자의 이형 공간이 나오게 된다. 확장할 이유가 없는 것이다.

숲으로 향한 욕실과 거실 사이의 공간, 그곳은 2미터 폭의 발코니를 두기에 최적의 장소였다(물론 이 공간을 위한 면적 계산으로 하루가 필요했지만). 이곳이 발코니가 아닌 뻥 뚫린 공간이라고 생각해 보자. 건축 도면을 볼 줄 모르는 누구라도 이 비어 있고 어중간한 곳을 채워 그리려 하지 않을까? 단순히 풍경으로의 숲이 아니라 경험하는 숲으로의 퍼즐이 맞춰지는 느낌이었다.

스케치업sketchUp 프로그램으로 올려본 가상의 아파트 실내 공간은 사계절 변화할 산의 모습과 함께 유쾌한 웃음소리가 가득한 영화의 한 장면이었다. 숲으로 활짝 열린 곳에 놓인 식탁은 도서관이거나 카페로 항상 가족과 함께하는 집의 중심 공간이다. 안방 욕조에 몸을 기대어 느끼는 힐링의 시간뿐이겠는가. 맨발에 닿는 낙엽은 3D가 아니라 곧 경험하게 될 눈앞의 공간이었다.

채택되지 않은
설계안

이처럼 거실과 안방, 욕실을 새롭게 상상하고 현실적으로 가능하도록 하기 위해 수십 번에 걸쳐 설계를 변경했다. 고통스럽기도 했지만, 점차 만족스러운 설계로 완성되면서 기존의 관점에 익숙했던 실무진들도 비로소 공감하기 시작했다. 게다가 계산기를 두드리며 발주처의 팀장이 말했다.

"D타입 이거 제가 하나 분양받아 볼까 해요."

하지만 숲을 바라보는 D타입의 설계안은 결국 채택되지 못했다. 가장 안정적인, 즉 발주처에 가장 익숙한 설계안으로 최종 결정되었다. '이 새로운 접근이 더 큰 수익을 보장하는가?'가 마지막 의사 결정의 가장 큰 기준이었음은 언급할 필요도 없다.

허가 접수 전 전체 회의에 발주처 그룹의 회장이 처음 참석했다. 해외 토건 사업이 주 사업인 기업에서 국내 건설 파트는 핵심 사업이 아니었다. 잠깐 긴장했지만 이 땅이 돈이 되는지 확인하고 새로운 브랜드를 만들겠다는 건설사의 핵심 간부들과 함께 참석한 회의였다. 걱정 없는 회의였고, 이미 결정된 제안을 설명하는 자리였다. 하지만 그날 모든 것이 틀어졌다. 새로운 아파트에 대한 짧은 설명을 마치고 나는 기다렸다. 회장의 뜬금없는 질문에 다소 격앙된 반응을 보이긴 했지만, 회의 중간에 자리를 뜨기는 처음이었다.

"죄송해요. 저도 사표 쓸 뻔했어요."

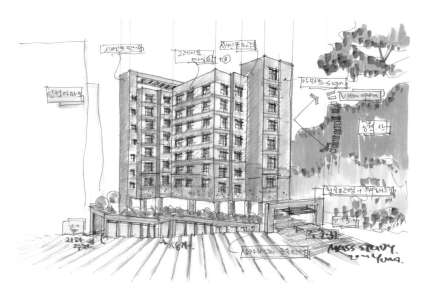

매스 스케치

D타입을 분양받겠다던 팀장은 한숨을 쉬며 나타났다.

"그래서 이렇게 만들면 얼마나 더 받을 수 있는 거냐며, 공사비는 더 들어가고 파는 금액이 똑같은 거면 그걸 누가 책임질 거냐며 난리가 났었어요."

"회사 브랜드요? 물론 말씀드렸죠. 돈 안 되는 브랜드는 생각하지도 말라십니다. 심지어 건축사가 하자는 대로 따라다녀서 무슨 사업을 하겠냐고……."

이 책을 쓰고 있는 지금 나는 이 새로운 제안이 채택되지 않았다는 것을 알고 있다.

내게 되묻는다. 구현되지도 않을 설계안을 왜 나는 이번 책에서 반드시 언급해야 할 사례로 정했을까? 왜 나는 이 고단한 설득의 과정을 마다하지 않고 몇 개월을 계속 했을까? 이 반전의 결론이 오직 수익에만 목적을 둔 발주처 때문이라고 쉽게 말해도 될까? 이 시장이 원래 건축가에게 책임만 있고 권한은 없는 시장이라고 남 탓하며 끝을 낼 수 있을까?

이 프로젝트의 경우 단기적으로 분양 수익을 보장하면서 장기적으로는 아파트의 브랜드 가치도 높일 수 있는 제안임은 틀림없었다. 30세대 이하의 소규모 아파트 시장은 대규모 건설회사가 주도하는 주택 분양 시장과는 분명 달라야 한다. 그들이 쉽게 뛰어들지 못하는 시장을 만들어야 한다. 그 점이 곧 경쟁력이고, 또 새로운 브랜드를 만들 수 있는 해법인 것이다. 그럼에도 어차피 분양이 보장된 프로젝트라면 어떨까. 가장 리스크가 없는 안으로 가자고 의사 결정이 뒤집히는 데에는 반나절도 걸리지 않았다. 그리고 놀랍게도 나는 이런 일을 처음 겪지 않았다. 아니, 자주 겪었다.

지금껏 프로젝트에 쫓기며 한 번도 정리해 보지 못한 대목이다. 이 반복되는 경험에도 불구하고 왜 나는 끝없이 제안하고 있을까? 가치 있는 건축물로 완성하기 위해 내가 할 수 있는 일은 무엇인가? 이제 잠시 멈춰 서서 스스로에게 질문하는 시간을 가지려고 한다. 한눈팔지 않고 한 가지 일을 계속해 왔다. 물론 앞으로도 그렇게 걸어갈 일이다.

그러나 지금쯤 여태껏 해온 방식이 맞는지 내게 묻고 있다. 내게 건축이란 무엇이며, 좋은 건축물이란 무엇인가? 어떻게 각자의 길이 서로를 돕는 한 방향이 되게 할 것인가?

나를 위해서, 앞으로 만날 건축주를 위해서 반드시 필요한, 어쩌면 답을 가진 질문이다. 이 아파트의 설계 사례는 그 질문과 답을 위한 서론이었다고 해두자. 앞으로 펼쳐질 이야기들에서 나는 그간의 시간을 돌아보고 그 답을 찾을 것이다.

사공 많은
배

경계에서 꽃피는 교회 이야기

어디서
시작해야 하나?

교회를 다녀 본 적 없는
건축가의 교회 설계라니

교회 건축 설계 의뢰는 다소 부담스러웠다. 주일마다 교회를 열심히 다니는 기독교인도 아니었고, 무엇보다 건축주인 교회의 신도들과 목사님이 생각하는 교회가 어떤 것인지 알 수 없으니 당연한 일이었다. 그 요구 조건을 겨우 파악한다고 해도 물리적인 기능의 해결을 넘어 그 이상의 공감을 설계할 수 있을지 알 수 없었다. 게다가 성경책이라는 것을 한 번도 읽어 본 적이 없으니 말이다. 물론 단순히 신도의 수를 파악하고, 공간의 크기를 정하고, 적절한 동선을 파악한다고 생각하면 그리 어려운 일도 아니겠지만, 목사님과의 첫 대면은 그런 단순한 생각을 접어 두게 했다.

첫 미팅을 위해 골목길을 돌고 돌아 교회에 도착했다. 사당동으로 새 교회를 지어 이사하기 전에 교회는 한 블록 떨어진 상도동에 있었다. 상상하던 것과는 거리가 멀었다. 물론 꽤 작은 교회이겠거니 생각했지만, 그런 생각보다 훨씬 불편해 보이는 공간이었다. 교회라는 특별한 목적의 용도로도 혹은 단순한 주택의 용도로도 충분하지 않은 공간이었다.

주 출입구는 6미터 도로변에 바로 붙어 있어서 신도들이 대여섯 명만 한꺼번에 모여도 감당하기 힘들어 보였다. 그 흔한 캐노피(문 위의 비가림막) 공간도 없는 주 출입구는 불법 주차 차량이 한 대만 서 있어도 들어서기 힘들어 보였다. 게다가 경사면을 따라 서 있는 출입문은 위태로워 보이기까지 했다.

"오르막길이라 오시느라 힘드셨죠? 원래 주택으로 쓰던 건물이었는데, 이곳저곳 많이 고쳐서 쓰고 있어요."

"그래도 주일에는 80명 정도 교인들이 모인답니다. 여기서 점심도 같이 먹고요."

주일 아침에 이곳에 한꺼번에 사람들이 모여들고, 설교를 듣고, 또 친교를 나누는 풍경이 상상이 되지 않았다. 처음부터 교회 용도로 지어지지 않았고, 주택으로 사용되던 건물을 개보수했으니 어쩔 수 없는 노릇이었다. 그런데 교회 내부, 아니 집의 내부 방들에는 생각지도 못한 반전의 모습이 기다리고 있었다.

초등학생들은 물론 중고등학생들이 언제나 모여 서로 공부하고 이야기를 나누는 공간이었다. 게다가 신도들 중 누군가는 아이들을 보살피며 자연스럽게 유대 관계를 맺고 있었다. 주일 모임이 없는 날에는 말 그대로 지역의 사랑방 역할을 하는 그런 공간이고, 교회였다.

교회 설계를 맡기며 첫 번째로 요구한 사항은 지역공동체 공간이었다. 목사님은 정확한 단어로 설명했다. '배려와 환대의 공간.' 그 단어를 들은 순간, 지금도 그날 저녁의 공기가 생생하게 기억난다. 해가 지기 직전이었고, 저녁 바람은 골목을 돌아 문안으로 들어왔다. 마음이 가볍게 요동쳤다. 바쁜 일을 모두 제쳐두고 몰두하고 싶은 마음이 들었다. 배려와 환대라니, 그런 공간을 설계할 수 있을까. 무엇부터 시작해야 할까. 마음이 급해졌다.

그리고 그날 저녁 교회 건축에 대한, 아니 그보다는 종교 건축에 대한 이야기를 나눴다. 중세 시대의 교회가 목적하는 신의 공간이 아니라 개적 교회, 지역사회에 뿌리내리는 교회의 이야기였다. 자연스럽게 교회와 절의 종교 건축이 사람들에게 다가서는 방법에 대해서도 이야기를 나눴다. 모든 종교 건축의 목적 중 중요한 한 가지는 신도들과의 소통이다. 그 방식이 다른 것이고, '지역공동체'라는 특별한 목적을 갖는다면 더더욱 그 다른 방식을 찾아야 한다.

어떤 종교든 그 나름의 교리가 있고, 사람들은 각자가 믿는 종교를 통해 삶의 위안을 얻고 살아온 방향을 되돌아보곤 한다. 건축의 일은 그 소통의 과정에 가장 효과적일 뿐 아니라 그 소통을 증명하는 물리적인 요소다. 때로 목사님이나 스님의 웅변보다 건축의 공간이 더 사람의 마음을 움직이기도 한다.

오르막길의
기존 교회와
책 두 권

　그날 밤 나는 가장 먼저 책방으로 달려가서 책 두 권을 샀다. 교회 건축이 아니라 교회가 사람들과 소통하는 이야기에 관한 책, 설계의 시작이었다.

교회와 절이
신도들에게 다가서는 방법

여행사를 통해 두어 번 유럽 여행을 다녀온 지인은, 기억나는 것이 성당과 교회밖에 없다며 가벼운 푸념을 늘어놓았다. 스페인 바르셀로나의 사그라다 파밀리아 대성당이나 이탈리아 피렌체의 두오모 성당은 그 아름다움과 역사적인 스토리를 떠올리지 않아도 이미 광장에 선 존재만으로 압도적이다. 골목을 돌아 어느 순간 눈앞에 나타난 거대한 건축 구조물에 이미 현실감을 잃어버렸으니 말이다.

　그에 비해 사찰로 이르는 길은 사계절의 자연을 보는 듯 편안하다. 마치 사찰을 보러 가는 길이 아니라 그저 꽃 피는 봄이나 낙엽 지는 가을을 만끽하러 가는 길인 듯하니, 그날의 목적이 사찰이 아니어도 좋다.

서울 한복판 작은 교회의 설계를 의뢰받고 가장 먼저 떠오른 것은 교회와 절의 풍경이었다. 교회와 절이 건축적으로 어떻게 다르게 자리 잡아 왔는지부터 살피는 것이 이번 설계의 출발점이 되겠구나 싶었다. 그런 이야기를 편하게 해도 될 만큼 건축주인 목사님은 젊고 유쾌했다.

교회 건축물의 첫 번째 기능은 집회의 목적에 기인한다. 일주일에 한 번 신도들은 일상을 잠시 접어 두고 한곳에 모여 설교를 듣고, 친교를 나눈다. 교회와 성당의 문을 열고 들어가는 순간 사람들은 일상에서 신의 영역으로 들어가게 된다. 가능한 만큼 공간의 층고는 높고, 제단까지의 거리도 멀다. 지금은 많이 바뀌었지만, 중세 시대의 교회 공간은 사다리꼴 형태의 맨 끝에 제단을 배치해서 원근법을 통해서라도 그 지위를 유지하고자 했다. 그만큼 신의 영역, 신의 공간에 대한 위계가 교회 건축을 이끌어 왔다.

유럽의 성당을 방문해 보면, 건축물 앞에는 건물 크기만 한 광장이 있다. 한꺼번에 많은 신도들이 한 공간에서 예배를 보고 또 한꺼번에 밖으로 나오게 되니, 신의 내부 공간만큼 외부 공간도 필요했다. 물론 거대한 규모의 건축, 게다가 화강석과 같은 돌로 지어지는 건물이니 상당한 작업 공간도 필요했을 것이다.

결국 교회 건축은 한두 명이 아니라 수많은 사람을 위한 공간의 건축이며, 그 많은 사람을 한곳으로 이끄는 건축적인 장치가 필요한 설계였다.

그에 비해 절, 사찰의 건축은 단 한 명을 위한 건축이라고 해도 과언이 아니다. 한꺼번에 많은 신도가 모이는 날이 초파일 아니면 드물고, 신도들은 필요에 따라 절을 찾곤 한다.

　절은 대부분 가람배치라는 구조를 따라 건물들이 배치되어 있다. 시대에 따라 그 배치의 원칙이 조금씩 다르고 위계도 다르긴 하지만, 절의 초입 일주문을 지나 대웅전에 이르는 길은 언제나 가람배치의 축을 통해 건물들이 유기적으로 연결되어 있다. 천천히 걸음을 옮기면서, 문하나씩 지나면서 대웅전까지 걸어가게 된다. 이 과정에서 자연스럽게 절의 모든 사람과 마주치며 소통하게 된다.

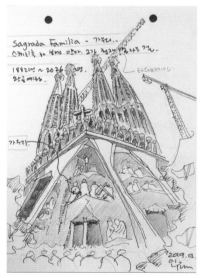

성당과 절의 여행 스케치

왼쪽의 그림은 스페인 사그라다 파밀리아 대성당과 경기도 화성의 용주사를 여행하며 그린 스케치다. 파밀리아 대성당 앞의 모습은 관람객들이 모여서 거대한 성당을 올려다보는 장면이다. 어쩌면 수백 년 전 신도들이 모였을 바르셀로나의 골목도 이와 다르지 않았을 것이다. 부처님오신날을 즈음한 용주사의 모습에서는 어느 한 공간에 모인 사람들을 볼 수 없다. 모두들 산재해 있는 절의 건물들 사이사이에서 손을 모으고 이야기를 나누고 있다.

물론 이런 풍경 몇 장을 가지고 종교 건축이 품은 많은 이야기를 대신할 수는 없다. 하지만 종교 건축이라는 다소 생소한 건축 공간을 이해하고 그 공간에서 서로 소통하는 방식에 대해 이야기를 풀어 가기에는 적절해 보인다.

지역공동체를 하나의 목적으로 하는 작은 교회라면 소통의 공간이 설계의 첫 단추가 되는 것이 어떨까 생각했다. 꼭 주일이 아니어도 교인이라면 언제든 마음을 풀고 기도를 드리는 공간을 생각했다. 마을 주민들 누구나 두런두런 이야기하며 차 한 잔 나누는 공간을 생각했다. 종교 건축의 소통 방식을 좀 더 고민해 볼 필요가 있었다.

서울이 품고 있는
달동네의 기억

현장을 방문하기 전에 너무 많은 이야기를 나눈 것일 수도 있었다. 모든 설계의 답은 언제나 현장에 있는 법인데, 그전에 너무 많은 설계 컨섭을 생각했다. 머릿속에는 이미 수많은 공간이 그려졌다가 지워지기를 반복했다. 그만큼 하고 싶은 이야기가 겹겹으로 쌓여 갔다. 하지만 당혹스러웠다. 처음 현장을 방문한 날의 느낌은 어렵다거나 특별하다는 것도 아니었고, 문제를 해결하기 위한 도전 의식도 아니었다. 그냥 당혹스러웠다. 현장을 처음 본 느낌이었다.

현장은 단순히 높낮이가 좀 다른 정도의 땅이 아니었다. 서울이 품고 있는 달동네의 한 자락을 보는 듯했다. 이미 도시 재개발로 1990년대 이후 서울에서는 자취를 감춘 말이긴 하지만, 꼭 그런 느낌이었다. 경제개발이 본격적으로 추진되기 시작한 1960년대 이후 급속하게 서울로 밀려드는 인구를 감당하기 위해 도시의 후미진 지역까지 주거지가 형성되었다. 주로 산비탈 등 불량한 조건의 지역이 그랬는데, 서울의 봉천동·시흥동·신림동 등 관악산 자락이 대표적이었다. 경사가 심한 산자락의 끝에 형성된 주거지인 덕분에 달이 잘 보인다는 낭만적인 뜻의 '달동네'라는 이름이 붙여지기도 했다.

현장 사진 원경과 근경

서울시의 자치구에서는 대부분 다세대주택 등의 주거지역은 자주식 주차를 하도록 조례로 강제하고 있지만, 특이하게도 관악구만은 기계식 주차가 허용된다. 지금도 여전히 경사지, 산비탈 등 자주식 주차로 해결되지 않는 대지가 많으니 어쩔 수 없는 노릇이다. 그만큼 서울에서도 여전히 주거지로서의 조건이 만만치 않음을 단적으로 보여준다.

왼쪽 사진은 멀리 보이는 재개발 아파트 단지와 아직 개발되지 않은 구도심지에 위치한 상가 밀집 지역의 현장이다. 언뜻 보아도 정비가 안된 가로 구역이다. 현장은 그 중간에 자리해 있다. 서울의 강남이라고 하기에는 어딘가 좀 부족해 보인다. 주변으로 뜬금없는 철물점도 보이고 치킨집이며 미용실, 인근 거리에는 역시나 교회도 보인다.

오른쪽 사진의 가파른 계단 왼쪽으로 현장이 붙어 있다. 게다가 계단의 중간에 보이는 단독주택의 대문은 차로는 접근이 불가능하다. 가파른 계단을 올라야만 접근할 수 있다. 달동네의 기억이 소환되는 지점이다.

현장의 8미터 도로변에서 직각으로 계단 골목을 따라 맨 끝까지 족히 30여 미터 높이는 되어 보인다. 교회가 들어설 현장의 도로변과 후면 단독주택의 높이 차이도 4미터가량이다.

물론 대지의 높이 차이는 경우에 따라 문제를 해결하는 긍정적인 조건이 되기도 한다. 이를테면 도로에서 직접 진입할 수 있되 지하 1층이 되어 전체 용적률에는 포함되지 않는 경우가 그렇다. 교회가 들어설 토지는 제2종 일반주거지역 용적률 200%에 해당한다. 이는 앞에서 공부한 것처럼 대지 면적의 두 배 면적까지 지상에 지을 수 있다는 뜻이며, 이때 지하층의 면적은 포함되지 않는다.

하지만 이번 현장은 그런 긍정적 조건을 생각해 내기도 전에, 철거와 함께 후면의 낡은 집이 무너지는 건 아닌가 하는 걱정부터 떠올랐다. 미리 찾아본 책 두 권의 내용은 도무지 생각나지 않았다. 물론 교회와 절이 지닌 건축의 상징에 대해 고민했던 내용 역시 쉽게 생각나지 않는 현장의 조건이었다.

어디서부터 시작해야 할지 막막했다.

사공 많은
교회

**마을에서
교회의 답을 찾다**

서울을 감상하는 두 가지 방법이 있다. 하나는 서울을 둘러싸고 있는
성곽길을 걸으며 뒷짐 지고 바라보는 방법이다. 한강의 다리 위나 혹은
전망 좋은 옥상 카페여도 좋다. 멀찍이서 바라보는 서울의 풍경은 시간
의 흐름에 따라 늘 새롭다.

  다른 하나는 목적지를 정하지 않은 채 골목골목을 산책하는 방법이
다. 차를 타고 지나가면서는 절대 보지 못했을 풍경이 골목마다 넘쳐난
다. 게다가 갈 곳을 정하고 걷는 골목의 풍경과는 또 다른 풍경을 마주
하게 된다. 서울이라고 해서 언제나 비슷한 느낌일까. 전혀 다르다. 한
강의 북쪽이라고 해도 북촌과 서촌이 있는 광화문의 모습과 상계동

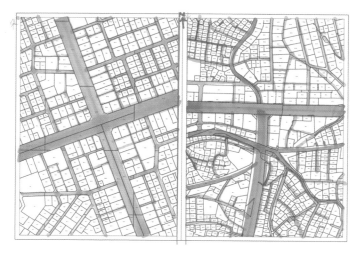

강남구와
동작구의
도로망

어디쯤의 모습이 다르듯이. 한강의 남쪽도 마찬가지다. 산업화 시대에
도시 개발의 효과를 톡톡히 본 강남의 계획도시는 다림질한 양복바지
처럼 반듯하지만, 구도심지는 사뭇 다른 느낌이다. 그중에서도 동작구
와 관악구는 어쩐지 일부러 개발의 레이스에 참가하지 않은 채 관중
석에 느긋하게 앉아 세월을 보낸 느낌마저 든다.

교회 이야기를 쓰면서 다소 장황스럽게 서울의 풍경에 관해 이야기
하는 데에는 그만한 이유가 있다. 모든 건축의 해답은 그 땅이 속해 있
는 마을에, 그 자리에 있다는 전제 때문이다. '배려와 환대의 공간', 지
역공동체를 위한 교회의 모습이 그곳에 있기 때문이다.

강남의 계획도시를 걸을 때와 동작구와 관악구가 아니라도 개발의
광풍이 아직 미치지 않은 산자락쯤의 마을을 걷는 것은 확연한 차이

가 있다.

보행자의 안전을 고려하여 인도와 보도를 분리한 계획도시의 산책이 전자라면, 후자는 좀 불편하고 불안한 산책이 될까? 담배꽁초 하나 찾아보기 힘든 계획도시의 거리는 산자락의 마을보다 훨씬 위생적이고 깨끗한 도시일까? 물론 충분히 그럴 수 있다. 아이들의 안전을 위해 시속 30킬로미터의 안내판이 있고, 저층 주거단지의 대지는 담장과 차단기를 통해 프라이버시가 완벽하게 보호되고 있다.

하지만 개발업자의 손이 아직 미치지 못한 곳, 노후 주거단지가 밀집한 동네를 산책하면 새로운 광경을 목격하게 된다. 바로 소란스러움이다. 골목을 돌면 오래된 슈퍼가 있고, 그곳에는 어김없이 평상이 하나 있다. 오가며 잠시 궁둥이를 붙이고, 때로 학교가 끝난 아이들의 집합 장소가 되기도 한다. 여름의 무더위에 현관문을 열어 둔 다세대주택은 중문의 전이 공간 없이 그대로 거실 벽지를 알아볼 만큼 지척이다. 앞선 글에서 본 사진 자료의 가파른 계단은 또 어떤가. 겨울에 보지는 못했지만 눈 내리는 어느 날은 너 나 할 것 없이 눈을 치우며 아침을 맞이했을 것이고, 누군가는 힘겨운 어르신의 짐을 들어 주며 계단을 올랐을 것이다.

마을 공동체에 관한 이야기를 할 때면 언제나 생각나는 마을 단지가 있다. 2010년, 판교 주택단지에 일본 건축가 야마모토 리켄山本 理顯이 설계한 100여 세대의 저층 주거단지가 세워졌다. 이웃 간의 소통을 위해 현관문을 투명 유리로 설계하는 바람에 한때 논란이 되기도 했다. 일본 건축가가 제안한 한국 판교의 공동체 마을의 단면이었다. 이웃 간의 소통을 위해 개인의 프라이버시보다는 함께하는 마을의 마당을 제안했다. 집집마다 혼자만 갖는 작은 마당이 아니라 대여섯 세대씩 블록을 묶어 함께 공유하는 마당을 설계했다. 익숙하지 않은 공간이었던 탓에 처음에는 미분양이었다. 물론 현관문은 대부분 철문으로 바뀌었지만, 공유하는 마당에서는 많은 이야기가 쌓여 갔다. 그 후 세월이 지나 입주민들은 건축가에게 감사의 마음을 전했다고 한다.

'배려와 환대의 공간.' 마을의 골목골목 풍경에서 이번 프로젝트의 해답을 찾고자 했다.

1980년대의 지역공동체는 하나의 이념에 가까웠다. 군부독재의 정치 세력과 그에 기생하는 정치 공간들 속에서 시민들은 민주적인 삶을 위한 자구책과 새로운 공간이 필요했다. 마을의 지역공동체는 서로 다른 가족 간의, 이웃 간의 긴밀한 유대를 형성했고, 자율적인 의사 결정으로 마을의 모습을 가꿔 나갔다. 시간이 지나면서 마을 간의 공동체는 하나의 세력이 되어 가기도 했다. 집단의 이익을 위한 통일된 의사 결정 수단으로 공동체의 의미가 변질되어 갔다. 하지만 지금 우리 시대의 지역공동체는 이웃 간의 커뮤니티 공간에서 맺는 관계의 이야기다.

'공간의 낭비'를 이야기할 때 가장 많이 언급되는 건물이 교회다. 신도들이 정해진 시간에 한 공간에 모여 설교를 듣는 교회의 특성상 어쩔 수 없는 노릇이다. 교회가 대형화되어 가고 신도 수가 늘어 갈수록, 특히 도시에서는 이러한 공간의 낭비가 심해지기 마련이다. 80~90년대만 하더라도 24시간 문이 열려 있는 교회가 많았다. 상가의 한 부분을 차지한 교회는 아무나 들어와서 잠시 기도를 드리고 가도 좋다는 듯 문이 열려 있었다. 하지만 지금은 여러 문제로 인해 집회 시간이 아니면 문을 걸어 잠근 채 세상과 단절되어 있다.

젊은 목회자들은 대부분 그 비효율적인 공간의 쓸모와 폐해를 알고 있고, 교회 공간을 다양하게 활용하는 방법을 모색하고 있는 것도 사실이다. '배려와 환대의 공간'은 마을 사람들이 서로 간에 맺는 '관계'를 위한 '커뮤니티 공간'이며, 그곳에 지역공동체를 위한 지금 시대 교회 건축의 역할이 있을 것이다.

한숨부터
나오는 현장

설계 의뢰를 받고 두어 달 만에 교회 건축의 큰 방향은 잡았으나 현장을 방문할수록 점점 그 해법이 난해해졌다. 복잡한 문제는 모두 안고 있는 대지였다.

다음 쪽의 그림은 철거 후 현장의 모습이다. 그림에서 붉은색으로 칠해진 부분이 교회가 들어설 대지의 모습이고, 전면으로 8미터 도로와 대지의 오른쪽으로 폭 2미터 안팎의 계단이 보인다. 초등학교의 법적인 계단 경사도에 비해 1.5~2배 심한 경사로 이루어진 진입로였다. 중간 손스침handrail이 없다면 어르신들에게는 한참 버거워 보이는 계단이었다.

경사진 대지의 맨 윗부분은 8미터 도로를 기준으로 약 4미터 정도

철거 후 현장의 모습

높은 지점이니 도로에서 보면 한 개 층이 넘는 정도의 높이차가 있다. 대지의 왼쪽으로는 인접 대지의 건물이 법적인 이격 거리(0.5~1미터)만 간신히 유지한 채 붙어 있다. 이 말인즉 건물의 좌측으로는 채광과 통풍이 비효율적이라는 뜻이다.

후면의 노후 주택은 또 어떤가. 건축물대장을 확인해 보니, 1970년대에 지어진 조적식(벽돌 구조) 건물의 단층이다. 공사 중 노후 주택에 미칠 구조적 악영향도 문제이지만, 그보다 심각한 문제는 신축의 건물 배치에 따라 노후 주택의 채광과 통풍을 완전히 막아설지도 모른다는 것이다. 물론 신축의 배치가 법적으로 아무런 문제가 되지 않을지라도 고려하지 않을 수 없는 노릇이다. 지역공동체를 표방하는 교회라는 화두가 있으니 당연하다.

그나마 한 가지 장점이라면, 전면 8미터 도로에 면한 건물 부분은 법적으로 지하 1층으로 인정받을 수 있다는 점이다. 교회가 요구하는 시설 면적이 만만치 않고, 용적률 200%에 그 요구 조건을 수용하기에 벅찼는데, 그나마 다행이었다. 용적률에 포함되지 않는 도로변의 시설 면적을 마치 1층처럼 사용할 수 있으니 말이다.

이제 교회의 실질적인 요구 조건을 살펴보자. 우선 넉넉하지 않은 대지의 크기 때문에 용적률 200%를 알뜰하게 모두 사용해야 한다. 북측 방향의 정북 이격 거리 및 인접 대지 경계선, 건축선(도로변에 맞닿은 대지 경계선) 등에서의 건물 이격 거리 등을 따지니 이 부분 역시 쉽지 않다. 건물을 세울 수 있는 법적 테두리가 그만큼 줄어든다는 뜻이다. 일반적으로 서울 도심지 제2종 일반주거지역의 다세대주택이 법적 용적률 200%를 다 채우지 못하는 경우가 허다한 이유다.

건물의 세 개 층은 교인들이 사용할 주거 공간이다. 학생이 사용하는 원룸 타입부터 방 두 개 타입, 그리고 목사님이 가족과 거주할 주택까지 포함한 다양한 주거 시설이다. 세 층이 모두 서로 다른 구조를 갖게 되는데, 이때는 좀 더 구체적인 구조 검토가 필요하다. 주거 시설로 구성되는 상부 세 개 층은 벽식구조(아파트 단위세대의 형식으로 벽이 힘을 받는 구조)이고, 나머지 하부층의 교회는 기둥식 구조로 구성된다(하부층 교회를 벽식구조로 구성하게 되면, 공간이 벽으로 나뉘어 하나의 공간으로 사용하기는 거의 불가능하다).

상부층 주거 시설 각 층의 벽이 어긋나서 구성된다면 구조적으로 불안전할 뿐 아니라 하부층의 부담이 가중되어 비효율적으로 된다. 각 층이 서로 다른 평면으로 구성되면 항상 염두에 두어야 할 부분이자 한계로 작용하게 되는 지점이다.

그리고 교회는 주거 시설과 많은 교인을 수용할 예배당뿐 아니라 식당과 사무실, 소모임을 위한 공간도 필요하다. 이쯤 되면 '배려와 환대의 공간'으로 시작했던 그 저녁의 미팅은 여차하면 가벼운 추억으로 남을 판이었다. 교회와 주택, 이 많은 요구 사항을 수용해야 하는 공간이 가능한지부터 의문이었다. 지역공동체를 위한 건축적인 장치나 채광, 통풍 등을 세세한 설계와 함께 우선순위 없이 함께 논의해야 했다.

사공이 많은
교회 건축

137쪽의 그림은 전면 도로에서 본 단면 컨셉 구성안이다. 왼쪽의 1안은 지하에 예배당을 구성하고, 도로변에 인접한 공간은 필로티 주차장으로 활용하는 안이다. 이 안의 가장 큰 장점은 토지의 면적을 최대한 이용해 예배당을 구성할 수 있다는 점이다. 주어진 대지 조건에서 최대한 많은 교인을 한꺼번에 수용할 수 있다. 한꺼번에 대략 200여 명이 모일 수 있다.

이번 프로젝트를 진행하면서 교회의 뒤에서 엄청난 영향력을 행사하던 원로 목사님이 있었는데, 그분이 가장 흡족해한 안이기도 하다. 토지를 매입하면서 그렸던 머릿속 교회의 구성과 거의 맞아떨어졌다고 했다. 물론 초기 설계 팀원들 사이에서도 가장 많이 논의된 안이었으

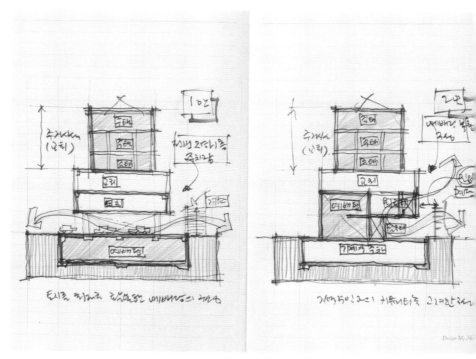

공간을 구성하는 두 가지 안

며, 교회의 기능에 맞는 공간을 거의 다 해결했다.

　하지만 말해 무엇하랴. 한 달 내내 고민한 배려와 환대의 공간은 그 어디에서도 찾아볼 수 없었다. 오직 이곳 교회 교인들만을 위한 공간이며, 특정한 날의 집회를 제외하면 지역 주민과의 소통이 가능한 공간으로 자리 잡는 것은 불가능한 구조다.

　오른쪽의 2안은 예배당을 지상 복층형으로 구성하고, 주차장을 지하 기계식으로 정리했다. 외부 계단에서 직접 연결되는 필로티 공간을 구성해서 이웃 간에 서로 교류할 수 있는, 충분하지는 않아도 반드시 필요한 공간으로 배치했다. 복층 구성의 예배당은 계획안이 완성될 때까지 끊임없이 논란의 중심에 서게 되었다. 젊은 목사님과는 몇 번의 토론 끝에 의기투합했으나, 문제는 원로 목사님의 설득이었다. 젊은 목사님은 걱정하지 말라며 씩씩하게 설계안을 내보였으나, '그래, 너희들 맘대로 하라'며 탐탁지 않은 표정이 역력했다.

'하나님을 위한 교회에 무슨 지역 주민들이며, 신앙심 없는 사람들을 위한 배려는 또 무엇이냐'는 호통이었다. 어쨌든 젊은 목사님은 원로 목사님의 신뢰를 반쯤 깎아 먹으며 대신 건축가와의 신뢰를 쌓아 갔다. 큰 그림의 공간 구성은 2안으로 방향을 잡았고, 본격적인 설계가 시작되었다.

경계를
살리다

모든 이야기는
경계에서 시작된다

사람들을 기다리고 있는 도로변의 건물이 있다. 건물 앞을 지나는 사람들 중에는 문을 열고 건물의 전용면적 안으로 들어오는 이들이 있고, 그중 일부는 건물의 캐노피 아래에서 문 앞을 서성이기도 한다. 들어갈 수도, 지나칠 수도 있는 사람들이다. 그리고 나머지는 스쳐 지나가며 힐끗 건물을 쳐다보는 사람들이다.

건물과 사람의 관계는 이렇게 세 종류로 나뉜다. 건물이 손을 내밀며 반갑다고 악수를 청하는 공간, 어깨를 두드리며 고생 많았다고 기대도 괜찮다고 권하는 공간은 어디에 있을까.

건물의 전용공간과 외부 공간의 경계에 사람들을 맞이하는 공간이 있다. 문을 열고 들어가기 전의 공간이고, 한 걸음 내디뎌서 도로로 나가기 직전의 공간이다. 추상적으로 생각한 '배려와 환대'의 공간을 건축적으로 풀어낼 수 있는 단서가 그곳에 있었다.

하지만 생각해 보자. 모든 건물의 1층 진입 부분에 이런 경계의 공간을 둔다는 것이 가능할까? 주거 공간이든 상업 공간이든 모든 건물의 가장 가치 있는 부분은 1층의 진입 부분에 있다. 굳이 임대료나 분양가를 생각하지 않아도, 어떤 용도이든 1층 진입 부분을 전용면적으로 사용하려 할 것이다. 유동인구가 가장 많은 곳을 '전용의 공간'으로 만드는 것이 건물의 가치를 높이는 것이라고 생각하기 때문이다.

처음 현장을 방문했을 때의 기억을 다시 떠올렸다. 동행한 젊은 목사님은 아무래도 땅을 잘못 산 것 같다며 조심스러워했다. 그도 그럴 것이, 보차혼용步車混用 8미터 도로변의 불친절함과 차량 진입은 불가능한 인접 계단 등 뭔가 복잡하고 갑갑해 보이는 대지였다. 그러나 그 모든 대지의 조건은 이번 프로젝트의 컨셉을 해결하고 완성할 조건이 되어줄 것이라는 걸 그때는 미처 알지 못했다.

오랜 논의 끝에 지역공동체를 위한 배려와 환대의 공간은 크게 세 가지로 정리되었다. 첫째는 지역 주민들 누구나 쉽게 접근하고 마음 편하게 이용할 수 있는 교회의 공간이다. 단순히 집회 용도로 사용되지 않을 때에도 활용하는 소극적인 공간이 아니라, 좀 더 적극적인 공간이 필요했다.

둘째는 예배당의 공간이다. 한날한시에 많은 교인이 모여 설교에 집중할 수 있는 최대한의 공간 구성이 아니라 교인들, 목회자들이 함께 소통하는 공간이 필요했고, 무엇보다 진입 문턱이 없는 마음 편한 공간이 필요했다.

셋째는 교인들이 거주하는 상층부의 주거 공간이다. 배려와 환대와는 조금 다른 문제이지만, 실은 이 부분이 이번 설계에서 가장 까다로웠다. 구성원이 모두 다른 다양한 거주 공간을 설계할 필요가 있었다.

나중에 많은 부분이 변경되긴 했지만, 아래 그림은 설계 방향을 잡기 위한 초기 스케치안이다.

스케치안에서 주목할 부분이 있다. 1층으로 표기된 건물 부분과 인

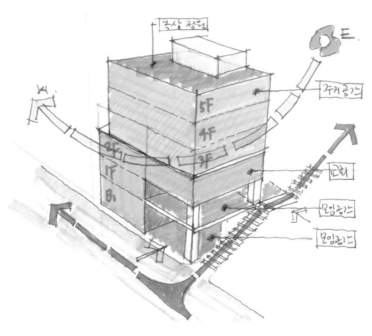

공간 구성을 위한 초기 스케치

접 계단이 만나는 외부 공간이다(그림에서 녹색 부분). 지하 1층을 제외하고 지상의 모든 면적을 합해서 계산하는 용적률을 최대한 확보했을 때 면적에 포함되지 않는 빈 공간, 필로티로 형성된 1층의 외부 공간이 형성된다. 이곳은 다행스럽게도 차량 진입이 불가능하다. 차량 진입이 가능한 경사의 도로였다면 설계는 달라졌을 것이다.

다시 1층으로 표기된 건물 부분과 인접 계단이 만나는 외부 공간. 계단을 오르다 보면 훤하게 반대편 벽면까지 들여다보이는 열린 필로티 공간을 만난다. 누구나 쉽게 접근할 수 있는 이 공간은 이미 많은 이야기를 갖고 있다.

도로에 접한 부분이 지하 1층으로 구성되어 있으니, 건폐율(지상의 건물을 위에서 내려다봤을 때 건물이 차지하는 대지 면적의 비율로, 서울의 제2종 일반주거지역은 법적으로 60% 미만이다)과 관계없이 구조만 가능하다면 대지 면적 거의 전부를 건물 면적으로 사용할 수 있다. 앞서 이야기한 대로 이 부분은 최소한의 주차 공간(지하로 내려가는 기계식 주차를 위한 공간)을 제외하고 도로에서 직접 진입할 수 있는 예배당 공간으로 설계했다. 이 예배당 공간은 앞의 그림에서는 표현되지 않았지만, 지상 1층의 일부 공간과 연계하여 오픈된 복층의 예배당으로 설계를 진행했다(그림에서 주황색 부분).

마지막으로 주목할 부분은 교인들이 거주하게 될 상부의 3층, 4층, 5층의 주거 공간이다. 1인실부터 2인실, 4인 가족실까지 각 층마다 서로 다른 공간 구성이 필요했다. 지하층을 포함해 지상 2층까지는 기둥식 구조로 구성된다. 예배당, 식당, 주차장 등으로 사용하니 공간의 효율적인 사용을 위해서는 당연한 일이다. 하지만 상부층은 아파트의 구성과 같은 벽식구조다(그림에서 파란색 부분).

하부층과 같은 기둥식 구조로 하지 못하는 이유는 매우 단순하다. 큰 기둥 때문에 공간 활용이 어렵기도 하지만, 그보다는 건물의 높이 때문이다. 주거 지역에는 법적 정북 이격 거리가 있는데, 건물 높이의 2분의 1만큼을 대지 경계선에서 띄워서 건물을 세우게 되어 있다. 기둥식 구조는 가로지르는 보의 크기만큼 건물의 높이가 상승하고, 그만큼 상부층의 건물 면적이 줄어들게 된다. 법정 용적률을 채우지 못하는 경우가 생기게 된다. 10센티미터, 20센티미터가 중요한 세밀한 건물이니 가능하면 낮은 높이를 확보해야 한다.

이처럼 상하부가 서로 다른 구조에서는 대부분 상부층의 벽식구조는 매 층마다 동일한 평면을 갖게 된다. 최소한 상부의 모든 층에 있어 힘을 받는 구조 벽체만이라도 동일한 선상에 있어야 한다. 다양한 주거 공간의 구성과 안전한 구조, 두 가지를 모두 만족해야 했다.

144쪽의 왼쪽 그림은 하부층의 교회 공간이다. 위로부터 지상 1층, 지상 2층, 도로변과 접한 지하 1층의 초기 스케치다. 지상 1층의 평면도를 보면, 외부 계단과 연계된 필로티 공간이 보인다. 최종 안에는 필로티와 연계된 작은 카페 공간도 설계되었고 계단실의 위치도 변경되었지만, 초기의 설계 개념은 그대로 유지되었다. 지하 1층의 왼쪽 예배당 공간은 도로에서 직접 진입할 수 있게 설계했고, 지상 1층의 예배당과 수직으로 연결해서 오픈된 하나의 복층 공간이 되도록 설계했다.

144쪽의 오른쪽 그림은 위에서부터 지상 3층, 4층, 5층 주거 공간의

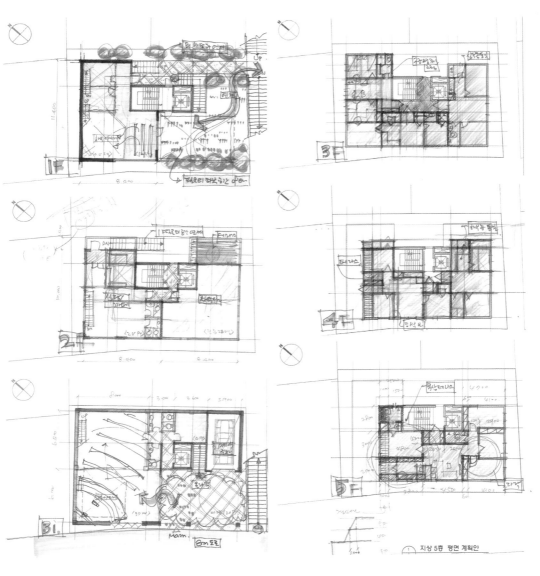

초기 평면 스케치(지하 1층~지상 2층) 초기 평면 스케치(지상 3층~지상 5층)

평면 스케치다. 5층은 전체 면적을 5인 가구 한 세대가 사용하며, 나머지 두 층은 스케치한 색깔별로 서로 다른 가족 구성원이 사용하는 평면이다. 벽식구조의 중요 벽체를 동일 선상에 둔 채 서로 다른 평면 구성을 했다. 결국 고정된 구조 벽체를 둔 채 구성원에게 맞는 공간구성을 해야 했으니 방의 크기부터 주방의 동선, 화장실의 설비 덕트 구성까지 무리한 설계로 이어질 수밖에 없었다.

이 부분은 못내 아쉬운 부분이다. 안전한 구조와 효율적인 평면 구성을 위해 최소한 3층과 4층 두 개 층만이라도 동일한 평면을 설계하고 사용자를 설득했어야 했다. 결과적으로 무리한 평면 구성이 나올 수밖에 없었고, 입주 후 사용자의 불만은 고스란히 건축가의 몫으로 남았다.

"건축사님! 여기로 꼭 이사 와야 해요. 아이가 둘이니까 방도 그렇게 맞춰 주셔야 해요. 부탁드려요."

"나중에 테라스에 주방을 만들어서 쓰면 될 것 같은데요. 괜찮겠죠?"

이미 교인들 몇 명이 입주민으로 정해진 상태였다. 가족 구성원이 서로 다르니 요구 사항이 다른 것은 당연한 일이었다. 설계팀에서도 이건 무리한 공간 구성이라는 우려가 나왔고, 충분히 설명했지만 요구 사항을 꺾지는 못했다. 결국 준공 이후 일부 공간을 덧대어 사용하는 것으로 마무리되었다.

배려와 환대의 공간, 지역공동체를 위한 교회의 계획안은 그렇게 완성되어 갔다. 브리핑이 있던 어느 일요일 오후, 교인들이 모인 작은 예배당은 그간의 기대와 흥분으로 가득 찼다. 물론 미리 계획안을 보고

받은 원로 목사님을 제외하고. 그날의 박수에는 그동안 교인들이 함께 꿈꿔 왔던 공간을 눈앞에 보게 될 것이라는 믿음이 담겨 있었다. 그 후로도 그날의 계획안은 숱하게 수정되었다. 상부층 주택의 서로 다른 평면 구성에 관해서는 구조기술사의 강력한 충고도 한몫했으며, 또한 실제로 거주하게 될 주택 사용자의 요구 조건도 끊임없이 변경되었다.

아래 그림은 계단을 올라서 만나게 되는 필로티 공간과 복층의 예배당이 그려진 지상 1층 평면도다.

지상 1층 평면도의 오른쪽 부분을 유심히 살펴보자. 8미터 도로변에서 시작한 폭 2미터가량의 외부 계단이 있는 부분이다. 도로변에서 직

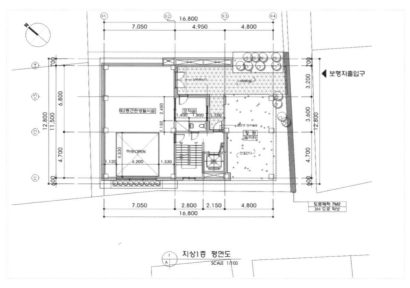

지상 1층 평면도

각 방향으로 올라온 계단은 약 4미터 높이까지 올라와서 본 사업지의 부출입구와 만나게 되어 있다(주 출입구는 도로변의 지하 1층 예배당 출입 부분이다). 부출입구에 올라서면 곧 만나게 되는 빈 공간이 바로 지역 주민 누구에게나 열려 있는 필로티 공간이다.

사업지에 인접한 계단은 꽤 많은 보행자들이 오가는 마을의 주 동선이었고, 보행 동선의 중간에 자연스럽게 교회로 들어오는 출입구가 마련되었다. 출입구의 경계에서 보면 첫째, 목적지를 향해 이곳을 지나치는 사람도 있을 것이고 둘째, 교회 방문이라는 특별한 목적을 갖고 들어오는 사람도 있을 것이다. 우리는 나머지 세 번째 부류의 사람들에게 집중했다. 들어갈 수도, 지나칠 수도 있는 마을 사람들이다. 그들에게 이곳 열려 있는 필로티 공간은 외부 공간이면서 교회로 진입하기 직전 마음에 부는 가벼운 바람 같은 곳이다.

교회가 사람들을 환대하는 곳, 꼭 목사님의 설교를 듣지 않아도 자연과 함께 마음을 편하게 다독이는 곳이다.

다음 도면은 시계 방향으로, 다양한 세 세대가 거주하는 지상 3층 평면도, 두 세대가 거주하는 지상 4층 평면도, 5인 가족 한 세대가 사용하는 5층 평면도, 그리고 옥탑 층의 평면도다. 지상 4층과 5층 왼쪽 부분의 테라스는 정북 이격 거리로 인해 자연스럽게 생겨난 외부 공간인데, 입주민들은 이 부분을 가장 좋아했다(아이러니하게도 이런 강제적인 법규가 없었다면 단 한 평의 외부 공간도 갖지 못했을 것이다). 각 층마다 서로 다른 다양한 공간의 설계와 벽식구조의 한계 사이에서 정말 간신히 타협점을

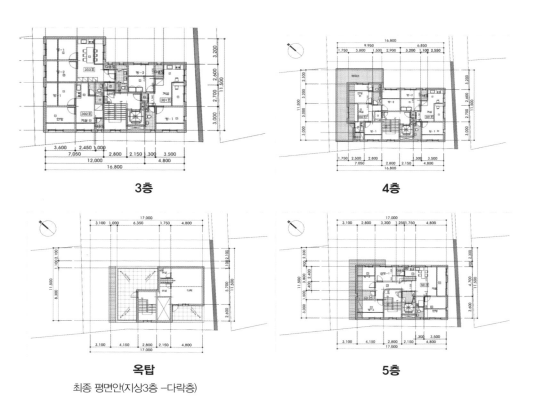

3층

4층

옥탑

5층

최종 평면안(지상3층 –다락층)

찾은 모습이다. 다양한 평면 구성과 안전한 구조, 두 가지를 모두 해결했다기보다는 두 가지 모두 아쉬움이 남았다고 하는 편이 좀 더 맞을 것이다.

건물의 파사드*가
우리를 환대하는 방법

각 층의 공간을 스케치하면 줄곧 건물의 매스와 입면立面을 함께 상상하게 된다. 특히 이번 교회는 그 컨셉이 명확했다. 교회라는 특별한 용도의 건물이니 누가 봐도 교회의 모습을 하고 있어야 하나, 아울러 지역 주민 누구에게도 거부감 없는 모습이어야 했다. 마을 한복판에 있는 첨탑의 십자가를 생각해 보자. 교인들조차 눈쌀을 찌푸리게 하는 디자인이며, 예의라고는 찾아볼 수 없는 무례한 건물이다.

도로변의 지하 1층과 지상 1층이 예배당으로 구성되어 있으니, 조금만 방심하면 대놓고 교회의 모습을 드러내고 말 것이다. 게다가 주거 공간으로 구성된 지상 3층부터 5층까지는 말 그대로 이면도로에서 흔히 볼 수 있는 다세대주택이니, 복합 용도의 건물 디자인으로는 쉽지 않은 조건이다.

게다가 이번 건물의 매스는 8미터 도로변에서 보이는 입면이 건물의 거의 전부라고 해도 과언이 아니다. 대지의 왼쪽으로는 1미터 이내의 인접 건물이 있으니 입면을 디자인한다기보다는 최소한의 채광과 통풍을 고려하는 것으로 입면의 역할을 대신하게 된다. 또한 대지의 뒤쪽으로는 경사지 위의 주거군이 조성되어 있고, 그나마 대지의 오른쪽으로 형성된 계단을 따라 건물의 매스가 표현될 것이다.

• 건축물의 주 출입구가 있는 정면 외벽 부분을 가리키며, 중요한 디자인적 요소가 된다.

몇 가지 매스 디자인, 입면의 요소를 정리하고 작업을 이어 나갔다.

첫째, 십자가를 어떻게 디자인할 것인가. 건물의 최상부 옥탑보다 위에 심어지는 십자가가 아니라 좀 더 친근하고 위화감 없는 디자인이 필요했다. 한발 더 나아가 마을 사람들의 보행 동선에 자연스럽게 묻어나길 바랐다.

둘째, 주거 공간과 교회 공간이 하나의 입면에 표현되니, 그것을 어떻게 적절하게 융화할 것인가. 주택이 교회의 모습에 묻혀도 안 되겠거니와 교회 역시 주택의 모습이 되어서도 안 되었다.

셋째, 8미터 보차혼용 도로에서 보이는 입면은 때로 속도감 있는 풍경으로 지날 수 있지만, 계단을 오르면서 보이는 입면은 최저 보행 속도에 따른 풍경을 고려해야 한다. 그만큼 세밀한 입면 디자인이 필요했다. 고개 들면 바로 맞닿아 보이는 교회의 입면은 부담스러울 수밖에 없는 디자인이다.

오른쪽의 스케치는 8미터 도로변에서 보이는 건물의 파사드와 예배당 공간(지하 1층과 지상 1층의 복층 구성)에 대한 단면 개념도다.

가장 핵심적인 디자인 요소는 지하 1층과 지상 1층 사이의 조경 공간이다. 앞서 이야기했던 건폐율을 기억해 보자. 지하 1층의 면적은 대지 면적에 대한 건축 면적의 비율인 건폐율에 속하지 않는다. 도로변에 접한 지하 1층의 건물 면적은 구조가 허용하는 한 최대의 면적으로 구성했다. 반면 지상 1층은 건축선(도로와 만나는 대지 경계선)에서 1미터 이상 후퇴해서 평면의 외곽선이 형성된다. 결국 폭 1미터가량의 빈 공간

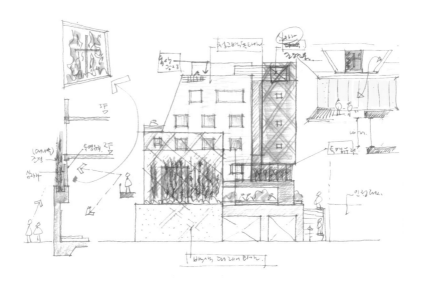

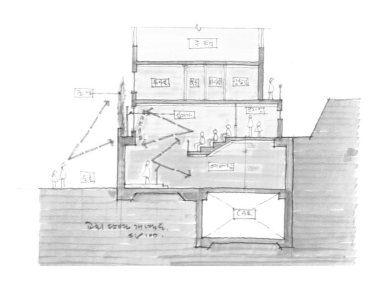

입면 스케치와 예배당 단면 스케치

이 생겨났다. 우리는 이 공간에 주목했다.

도로변을 따라 가로 방향 길이 9.5미터 폭 1미터가량의 빈 공간이 생겨난 것인데, 이 부분을 가로변의 조경으로 디자인했다.

아래쪽의 단면 개념도를 보자. 조경 뒤로 십자가를 설치했다. 도로변의 속도감 있는 풍경 속에서 사람들은 언뜻언뜻 머리 위로 보이는 조경을 지나칠 것이고, 그 뒤의 십자가도 사람들에게 무례하지 않을 것이다. 예배당 안에서도 이 디자인의 개념은 지속되었다. 지하 1층이나 지상 1층 어느 곳에서도 창문 뒤로 십자가를 목격할 것인데, 도심의 십자가는 조경을 배경으로 서 있을 것이다. 여름에는 초록을 배경으로 서 있을 것이고, 겨울에는 때로 눈 내린 나무를 배경으로 서 있기도 할 것이다. 마을의 풍경에 자연스럽게 묻어나는 십자가를 상상했다.

건물의 옥탑을 십자가 모양으로 디자인할 것이냐는 논의는 계속되었으나 부담스럽지 않았다. 이미 교회의 상징은 마을의 조경에 자연스럽게 녹아 있으니, 대놓고 옥탑 디자인에 집중하지 않아도 괜찮았다.

예배당의 외벽은 백색 대리석으로 디자인했다. 십자가가 숨겨져 있는 조경의 모습이 한 편의 풍경화가 되길 원했다. 흰색의 캔버스 위에 그려진 초록과 십자가의 모습을 상상했다. 캔버스의 크기를 주거 공간이 있는 3층까지 연장했다. 자연스럽게 3층 주거의 창문은 백색 대리석 위에 자연스럽게 자리 잡았고, 십자가가 있는 조경의 위로 배치되었다. 꼭 다세대주택의 창문이 아닌 듯 보였다. 본래 교회가 있는 2층 규모의 백색 대리석 벽면은 윗부분 주거의 형태에 눌려 다소 의기소침한 모습이었다. 3층 규모로 백색의 벽면을 키워서 주거의 스케일과 교회의 모습을 함께 보여주고자 했다.

계단을 따라 오르면서 보이는 느린 풍경의 입면은 큰 고민 없이 해결되었다. 비어 있는 필로티 공간 덕분이었다. 필로티의 외곽선을 따라 꽃과 키 작은 나무를 심으면, 그것으로 입면 디자인은 완성되었다.

건물의 파사드는 그렇게 사람들을 환대하고자 했다. 물론 이 환대의 방식은 공간의 구성에서부터 나온다. 공간의 구성에, 기능에 바탕을 두지 않는 입면과 형태는 솜씨 좋은 화장의 기술일 뿐이다.

공간의 구성에서 시작한 배려와 환대는 결국 건물의 파사드에서 완성된다고 믿는다.

설계의 끝은
어디인가?

드디어 착공,
행복 끝 고생 시작

윈스턴 처칠은 폭격으로 폐허가 된 영국 의사당 재건 계획을 발표하며 "사람은 건물을 만들고, 다시 건물은 사람을 만든다"라는 유명한 연설로 대중을 설득했다. 사람과 건물의 관계, 사람과 도시의 관계를 이보다 더 명확히 설명한 말을 아직 들어 보지 못했다.

　이번 교회 건축의 진행 과정과 결말은 어땠을까? 사람은 교회를 만들고 교회는 다시 사람들의 어울림을 만들어 냈을까? 착공부터 시작된 설계 의도와 컨셉의 구현은 아슬아슬한 줄타기를 보는 듯했다. 교회와 사람들 사이의 공간은 때로 순식간에 어둠 속에서 길을 잃기도 했다. 그러다가 다시 기운차게 웃으며 자신의 길을 찾기도 했다.

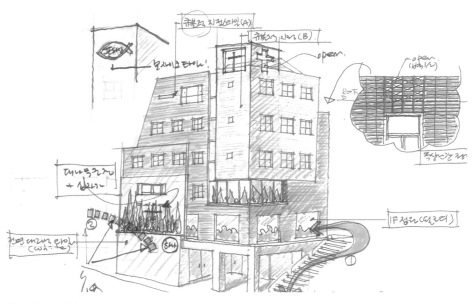

최종 매스 스케치

1차 계획안이 만들어지고 80여 명의 교인을 앞에 두고 처음 브리핑을 하던 날, 옹기종기 모인 교인들이 예배당을 대신해 모인 거실은 복잡했지만 서로 간의 웃음소리가 끊이지 않았다. 기분 좋은 공간의 기억이었다. 지역공동체를 위한 마을 교회가 만들어질 것이고, 교인들은 그곳에서 종교 활동뿐 아니라 좀 더 많은 어울림, 서로의 등을 토닥이는 좀 더 많은 일상을 꿈꿨다. 적어도 그날은 그랬다.

'배려와 환대의 공간'을 교회 건물의 기본 개념으로 잡아 두고 수개월을 달려왔다. 위 스케치가 그간 논의의 많은 부분을 이야기해 주고 있다. 무엇보다 핵심적인 공간은 건물 오른쪽 1번으로 표기된 필로티 공간이다. 전면의 주도로에서 계단으로 형성된 골목을 따라 오르면서 만나는 공간이다.

누구에게나 열려 있는 공간, 누구나 잠시 앉아서 쉬는 공간이다. 바람이 불고, 꽃이 피고, 때로 비 내리는 바깥 풍경을 보며 차 한잔할 수 있는 공간이다. 처음 현장을 방문해 주변 환경을 조사하면서 느낀 점은 생각보다 많은 사람이 이 가파른 계단을 이용한다는 점이었다. 어르신들은 난간을 잡고 중간중간 잠시 숨을 고를 만큼 경사가 만만치 않은 계단인데도 말이다.

열려 있는 필로티 공간은 지역 주민들에게 기능적으로, 감성적으로 기대 이상의 역할을 할 수 있다고 믿었다. 건물을 사용하는 교인들 모두 마찬가지 마음이었다. 최소한 건설사의 의견이 개입되기 전까지는.

건물 전면의 2번으로 표기된 부분, 도로 면에서 높이 4미터가량 위에 형성된 조경 공간이자 십자가가 설치되는 공간이다. 길을 걸으며 건물의 무례함을 느낄 때가 종종 있다. 영등포역 맞은편 골목의 식당과 모텔의 네온사인으로 치장한 건물들이 그렇고, 그에 못지않게 신도시의 중심 상가 옥상을 장식하고 있는 십자가의 조명도 마찬가지다. 신도시가 들어서면 가장 먼저 교회가 난립한다. 신도시를 형성하는 아파트 거주자 중 교회를 다니고자 하는 사람들은 한정적이니 어쩔 수 없는 노릇이겠다.

십자가의 표현이 이번 계획안의 핵심 컨셉인 이유다. 지역 주민들이 걸으면서 무심코 올려다본 곳에 있는 십자가는 혼자 잘난 척하지 않고 초록의 뒤편에 살짝 숨겨지길 바랐다. 그곳에서 은근히 사람들을 내려다보길 바랐다. 예배당의 교인들도 창문 너머 십자가와 십자가의 뒤편을 감싸안는 초록의 풍경을 함께 볼 수 있길 바랐다. 그곳의 십자가는 지역 주민들에게, 교인들에게 초록과 함께 자연스럽게 다가간다고 모두가 믿었다. 최소한 골조 공사가 끝날 때까지는.

시공사가 결정되고

공사비가 20억 원 내외인 소규모 건축 공사의 진행 과정을 먼저 살펴보자. 비슷한 규모의 거의 모든 건축 공사가 갖는 문제점이 이번 교회 공사에서도 예외는 아니었기 때문이다. 물론 분양을 목적으로 하는 건축물은 좀 더 다른 이야기가 있으니, 이번에는 자체적으로 공사비를 조달해야 하는 사례에 국한해서 이야기를 풀어보는 것이 좋겠다.

우선 100평(약 330제곱미터) 내외의 서울 도심지 토지를 살 때 전액 현금으로 매입하는 일은 드물다. 많게는 70%가량, 적어도 50%가량의 은행 대출을 안고 매입하게 되는데, 이자 부담을 고려해서 적정선을 결정하게 된다. 이때 대출 금액은 추후 토지를 담보로 공사비를 조달하는 기준선이 된다.

아울러 공사비 전액을 건축주가 현금으로 조달하는 일 역시 드물다. 공사비의 상당액을 은행 대출금으로 조달해야 하는데, 이때부터 문제가 발생한다.

우선 이 정도 규모의 공사는 이른바 1군이나 2군의 건설사가 개입하지는 못한다. 건설사의 관리비 등을 고려하면 일반적인 실행공사비보다 훨씬 커져서 배보다 배꼽이 더 커지기 십상이다. 그러니 맘에 드는 건설사보다는 영세한 건설사가 선택될 수밖에 없다. 게다가 영세한 건설사는 은행 입장에서 불안하다. 중간에 공사가 마무리되지 못한다면 은행으로서도 난처할 수밖에 없으니 말이다. 은행 입장은 간단하다. 공사비를 대출해 주고 안전하게 이자를 받으면 되는데, 완공된 건물을 담보로 설정하면 안전한 게임이 되는 것이다.

은행의 대출 담당자가 가장 먼저 묻는 말은 "교인이 얼마나 되세요?"였다. 추후에 안정적으로 이자를 낼 수 있는지를 확인하는 질문이었다.

1년 공사 실적이 50억~100억 원 정도인 영세한 건설사 서너 곳이 최종 논의되었다. 공사비 지급 조건이 좋지 않을수록 착공 후 건설사의 요구 사항은 점점 더 많아진다.

은행의 공사비 대출 금액은 총공사비의 70% 정도이고, 나머지는 건축주가 부담해야 한다. 건축주가 그 정도의 초기 집행 능력이 없을 때는 건설사가 미리 부담하기도 한다. 이번 공사 조건도 마찬가지였다. 우선 토지를 담보로 더는 대출이 불가능했고, 은행의 공사비 대출은 예상한 대로 총공사비의 70%가량이었다. 건축주에게 계약금 집행 능력이 없다면, 착공과 함께 기초공사 등의 초기 공사비는 건설사의 자금으로 먼저 투입되어야 한다. 또한 은행의 공사비는 관행에 따라 공사한 만큼 현장 확인 후에 지급된다. 결국 준공되고 밀린 공사비가 정산

될 때까지 건설사가 상당 부분 부담을 안고 가야 하는 상황이 된다.

이 모든 조건이 교차 체크되고 공사 계약이 체결되었는데, 건축주가 시공자에게 공사를 부탁하는 꼴이 되어 버렸다. 그만큼 자금 집행 조건이 좋지 못한 결과였다.

건축주, 건축가, 시공자 간의 신뢰

착공과 함께 모든 의사 결정의 우선순위가 돈으로 바뀐다. 이 정도 소규모 건축 공사에서는 더더욱 그렇다. 수백억 원의 대형 공사에서는 착공 전, 즉 시공사와 계약하기 전에 좀 더 면밀하게 공사비가 검토된다. 공사 진행 중에 일어날 돌발 상황까지 고려해 명세서 작업이 이뤄진다. 따라서 공사 중에 일어나는 설계 변경은 의사 결정이 쉽지 않으며, 설계자와 감리자의 의견에 상당 부분 의지한다. 시공사와 건축주의 의견대로 설계 방향이나 자재 등을 변경하지 못하도록 정부는 '설계 의도 구현 계약서'를 체결하도록 강제하고 있다. 얼마나 많은 설계 변경이 공공연하게 이루어지고 있는지를 반증하는 제도다.

하지만 여전히 이런 제도가 있는지, 착공 신고를 할 때 반드시 계약서를 허가 관청에 제출해야 하는지조차 대부분 모르고 있는 것이 현실이다.

이번 교회 공사는 어땠을까? 당연히 처음의 설계안이 마지막까지 흔들림 없이 관철될 수 있도록 관계자들 모두 의기투합했고, 서로의 역할에 충실할 거라고 다짐했다. 하지만 그 다짐은 착공 신고 후 불과 일주일도 되지 않아 삐그덕거리기 시작했다.

기존 건물의 철거가 끝난 현장에 철거 업체가 아닌 새로운 시공사가 투입되었다. 현장에 남아 있던 폐기물이 문제였다. 완전히 현장 밖으로 처리하지 못한 폐기물로 추가 비용이 발생했고, 그 비용의 결정부터 시끄러웠다. 건축주로서는 총공사비에 비해 얼마 되지도 않는 금액이니 비용 변경 없이 진행하길 바랐고, 시공사로서는 이미 토공사土工事 등에 먼저 투입되는 비용이 만만치 않으니, 모든 것이 부담스러웠다.

이 정도는 시작에 불과했다. 재료 마감표에 기재된 거의 모든 재료는 종류가 수십 가지이고, 가격도 다양하다. 예컨대 외장재 중 큐블록이라고 부르는 시멘트 벽돌만 해도 종류가 많아서 어느 것으로 발주하느냐에 따라 비용에 차이가 생긴다.

설계 도서에 표기된 특별한 제품은 생산하는 절차와 제작 난이도 때문에 공사 기일에 맞추지 못할 우려가 있다는 이유로 최종 자재는 시공사의 선택으로 결정되었다. 비교적 저렴하고 품질에 하자가 없는 제품으로 결정한다는 논리였다. 건축주 입장에서 마음이 좋을 리 없다.

삐그덕거리기 시작한 현장은 생각지도 못한 곳에서 폭발했다. 대지가 도로에 접한 부분을 '건축선'이라고 하며, 인접한 다른 대지에 접한 부분을 '인접 대지 경계선'이라고 한다. 이때 건축물의 용도에 따라 띄워야 하는 거리를 각각 다르게 규정하고 있다. 일정 규모 이하인 교회 건물은 용도가 근린생활시설로 구분되고 최소한의 띄우는 거리를 유지하지만, 공동주택(다세대주택)은 도로에 인접한 건축선의 최소 이격 거리를 1미터로 규정하고 있다. 이 부분에서 문제가 발생했다.

교회 건물의 상층부인 3, 4, 5층은 다세대주택이다. 골조 공사가 끝날 때쯤 현황 측량을 했는데, 확인해 보니 이격 거리가 50센티미터 남짓이었다. 대형 사고였다. 지적 공사의 경계선 측량이 잘못되었는지, 측점을 잘못 보고 건축물을 앉혔는지, 그도 아니면 현장 목수의 잘못인지 알 수 없었다.

건물의 이격 거리는 시공 오차가 적용되지 않는 항목이다. 이격 거리 확보를 위해 건물을 잘라내야 할지도 모를 일이었다.

어쩔 줄 몰라 사색이 된 건설사 대표가 이틀 후 나타났다. 확인을 잘못 해준 감리자에게 책임을 돌렸고, 감리자가 결정되기 전 측량점을 확인할 때 설계자도 현장에 있었으니 설계자인 나 역시 책임에서 자유롭지 못할 것이라고 했다. 심지어 감리자에게는 혼자 죽지 않겠다는 막말도 서슴지 않았다.

건축주의 책임은 아니었으나 어떤 결론이 나든지 결국 손해는 건축주에게 돌아갈 것이 자명했다. 책임 소재에 따라 공사 기간이 지연될 것이고, 은행 대출이자도 늘어날 것이다. 무엇보다 영세한 건설사에 책임을 지운다면 한밤중에 현장을 버려두고 줄행랑칠 것이 분명했다.

울며 겨자 먹기 식으로 방법을 제안했다. 이런 제안이 맞는 건지 혼란스러웠지만 방법이 없었다. 상층부의 다세대주택을 다가구주택으로 설계 변경하는 방법이었다. 다가구주택은 건축물의 용도 분류상 단독주택에 포함되니, 건물의 이격 거리를 50센티미터만 띄우면 된다. 건축주만 괜찮다면 모든 문제를 일거에 해결할 수 있다.

호수별로 분양하고 소유권을 이전할 수 있는 다세대주택에 비해 다가구주택은 전체를 한 명이 소유하고 호수별 임대만 가능하니 이 상황을 이해해야 하고, 은행도 대출 당시와 상황이 변하니 이 부분도 변경해야 한다.

결국 일촉즉발의 상황은 이렇게 설계를 변경하는 것으로 간신히 마무리되었다. 건축주, 건축가, 시공자, 이들 건축 관계자 상호 간의 신뢰는 이미 금이 갔다.

위태롭게 완성되어 가는
'배려와 환대의 공간'

우여곡절 끝에 공사는 막바지로 가고 있었다. 그나마 다행스러운 것은 새로 바뀐 현장소장의 모습이었다. 그간의 모든 문제를 알고 있으니 조심스럽기도 했을 테고, 무엇보다 관계자들에 대한 존중이 눈에 보였다. 가능하면 도서에 표기된 마감재를 변경하지 않고 공사를 마무리하려 했고, 도면에 표기되지 않은 부분들은 확인받고 논의하는 과정을 통해 하나하나 만들어 갔다. 다행이었다.

하지만 그것만으로 처음 생각한 교회의 컨셉을 구현하기에는 한계가 있었다. 누구의 제안이었는지 정확하지는 않지만, 골조 공사 중 필로티 공사에 대한 건설사의 의견은 당황스러웠다. 필로티 공간은 가능한 한 오픈된 외부 공간이 되어야 했다. 그러기 위해서 허리 높이까지의 안전 난간을 투명 난간이나 가는 스틸 난간으로 시공하도록 했다.

하지만 시공사의 생각은 달랐다. 기왕의 벽체 콘크리트 타설 시 허리 높이까지 타설하면 안전한 콘크리트 난간이 되며, 준공 후 오픈된 공간만 창문으로 막으면 순식간에 내부 전용공간으로 사용할 수 있다는 제안이었다. 설계자와 감리자의 의견은 필요하지 않았다. 도심지의 용적률은 기본적으로 상한선을 기준으로 한다. 어떠한 방법으로든 전용면적을 더 확보할 수 있다면 감사한 노릇이 된다.

결국 콘크리트가 타설된 필로티 난간을 확인하는 날이 왔다. 기가 막혔다. 사실 시공사와의 이런저런 마찰 탓에 현장에 대한 애정이 바닥을 치는 중이었다. 그런데 실제로 꽉 막힌 필로티를 보는 순간 전투력이 발동했다. 콘크리트가 더 단단하게 굳기 전에 '오함마'를 들고 한밤중에 달려갈 참이었다.

다행스러운 것은 건축주의 생각이었다. 전용면적에 대한 욕심도 있었을 테고, 큰 문제가 되지 않는다면 기왕에 시공된 현장을 그대로 내버려두고 싶어 했을 것이다. 하지만 결국 '배려와 환대의 공간'이라는 초심을 잊지는 않았다. 콘크리트로 만들어진 난간 옹벽은 철거되었다.

두 장의 사진이 모든 것을 말해 주고 있다. 왼쪽 사진은 골조 공사 중인 필로티 공간의 외부 모습이고, 오른쪽 사진은 마감 공사 중인 필로티 공간의 내부 모습이다. 두 사진 사이에 콘크리트 옹벽이 세워졌고, 또 철거되었다. 철거된 콘크리트 폐기물 덩어리만큼 건축 관계자들 사이에 이견이 많은 경우였다.

시공자는 전용면적으로 사용할 수 있다는 자신들의 제안을 받아들

필로티 공간 스케치와 현장 사진

이지 않은 결정을 안타까워했고, 감리자는 무식한 시공자라고 일축했다. 천만다행이었다.

　사실, 전용면적으로 포장된 콘크리트 옹벽의 제안에는 단순한 이유가 있었다. 아무도 그것을 알아차리지 못했다. 투명 난간이나 스틸 난간의 비용이 없어지고 게다가 벽체 콘크리트를 타설할 때 수고를 더하지 않아도 공정 하나가 없어져서 그만큼 공기와 비용이 상쇄되는 효과가 있었던 것이다.

전면의 십자가 공간도 역시나 말이 많았다. 외기에 접한 지하 1층은 도로에서 보자면 지상 1층과도 같아 보였으나 건축법상 지하여서 이격 거리를 적용받지 않는다. 일정 거리 이상을 뒤로 후퇴한 지상 1층과 후퇴하지 않은 지하 1층의 어긋난 옹벽 사이 공간을 십자가의 조경 공간으로 계획했다.

하지만 이때도 역시 만만치 않은 공사 과정을 거쳐야 했다. 조경을 위한 배수 공사와 방수 공사는 물론이고 야간 조명을 위한 전기 공사도 함께 진행해야 했다. 시공사는 공사의 복잡함보다는 추후 관리의 어려움을 이야기했다.

어긋난 옹벽 사이 공간을 경사 지붕으로 처리하지 않은 것이 그나마 다행이었다. 십자가 없이 지금은 키 작은 화분을 몇 개 두고 마무리되었다. 도로를 따라 걷는 보행자를 위해서 교회 건물이 할 수 있는 최소한의 예의였다.

준공 이후 시속 4킬로미터로 완성되어 가는 건축

건축주(담임목사)와 통화를 하고 현장을 다시 방문한 건 준공필증(건물을 사용해도 좋다는 확인증)을 받고 1년도 훨씬 넘은 날이었다. 교회에 대한 이 이야기는 무엇 때문인지 통 마무리가 되지 않았다. 우여곡절 끝에 준공필증을 받고 건축주, 시공자, 건축가 서로 간에 쌓인 그간의 이야기는 그렇게 더 이상 드러나지 않고 묻혀 가는 듯했다. 건축주는 다른 관계자들(시공자, 건축가, 감리자)이 초심을 잃은 듯 가면 갈수록 자신들의 이익을 위해서만 움직이고 있는 듯 보였고, 불신과 불만이 쌓여 갔다. 시공자는 좀 더 세밀한 시공 도서가 없어 공사비가 늘어난다고 푸념했고, 늘어난 추가 공사비에 대해 끊임없이 요구했다. 나 역시 설계안과 다르게 제 맘대로 현장에서 변경된 자재와 세밀하게 비켜나간 치수 등을 접할 때면, 다른 뭔가를 기대하기보다는 차라리 원만하게 공사가 마무리되기만을 바랐다. 공사가 끝날 때까지 한 번도 서로의 입장에 대해 터놓고 이야기하지 못한 채 시간이 흘렀다.

사실 시공사는 나의 소개로 선정되었다. 나와는 공장과 주택 등의 현장을 서너 번 함께 작업한 경험이 있는 시공사였다. 시공사와의 계약에서 이 부분이 상당한 영향을 끼친 것이 틀림없었다. 몇 군데 시공사를 소개받으며, 시공사를 잘못 선정하면 큰일 난다는 말을 워낙 많이 들었을 것이다. 그런 걱정 끝에 건축가의 소개라면 그런 걱정을 덜 수 있다고 생각했을 것이다. 건축주 입장에서 이 부분은 '공사가 잘못되든 잘되든 건축가인 당신도 책임이 있다'는 무언의 압박과 다짐이었다. 또한 시공사를 제어할 수 있는 또 하나의 키를 쥔 셈이었다.

시공사도 그것은 마찬가지였다. 건설사마다 서로 공사 방식이 다르고 노하우가 다르니 당연히 공사비도 다를 수밖에 없다. 하지만 이미 이번 교회의 공사는 공사비를 확정한 상태에서 건설사를 선정하는 과정을 겪었다. 시공 계약 마지막까지 공사비의 증액에 대해서도 다툼이 있었다. 결국 시공사는 이번 공사를 하지 못하겠다는 결정을 내리기도 했지만, 나와의 관계를 생각했다며 마지못해 도장을 찍었다. 남는 것 없는 공사이지만 최선을 다하겠다는 악수까지 청하면서.

결국 이 모호한 관계는 공사에 독이 되었다. 현장의 모든 의견 대립은 어느 한쪽이 맞고 틀리는 단답형 문제가 아니었다. 각자 제 나름의 입장이 있고, 또 어느 정도는 설득력도 있었다. 그리고 많은 상처와 교훈을 남겼다.

차를 세우고 천천히 교회로 걸어가면서 생각했다. '교회 문은 열려 있을까? 필로티 부분은 꽉 막힌 채 다른 용도로 사용하고 있지 않을까? 초인종을 눌러야 하나? 전화를 먼저 해서 필로티 쪽으로 올라간다고 문 좀 열어 달라고 해야 하나?'

가장 먼저 눈에 들어온 것은 외벽이었다. 설계안은 파스텔 톤의 큐블록(콘크리트 벽돌)이었으나 검은색 계통의 현무암으로 시공되었다. 바뀐 이유는 간단했다. 시공 난이도와 비용 때문이었다. 그때 좀 더 단호하게 물러서지 말아야 했다. 교회에 들어서기 전부터 아쉬움이 밀려왔다.

교회 앞을 두리번거릴 때 할머니 한 분이 다가왔다. 할머니는 날 더운데 여기 교회 2층에서 냉커피 한잔하고 가라며, 게다가 공짜라며 손으로 교회 필로티 공간을 가리켰다. 계단 오르기 힘들면 여기서 엘리베이터를 타도 된다고 했다. 심지어 여기 교회는 하루 종일 열려 있어서 아무나 아무 때나 와도 된다고 할머니는 자기 집인 양 자랑했다.

'도심 속 쉼터', '프리 카페.' 다행스럽게도 필로티 공간은 많은 사람이 사랑하고 이용하는 열린 공간으로 자리 잡았다. 시속 4킬로미터는 사

필로티 공간의 쓰임새

람의 보행 속도다. 설계부터 준공까지는 시간이 곧 돈이다. 가장 빠른 속도가 가장 큰 미덕인 셈이지만, 준공 이후 건물이 만들어지는 속도는 그곳을 만들어 가는 사람의 속도인 셈이다.

낯선 사람을 이끌어 준 할머니의 손길과 말이 그간 잊고 있었던 이야기를 떠올리게 했다. 모든 건축물은 건축가의 펜과 손끝에서 탄생한다. 하지만 결국 건축물이 완성되는 것은 사용자의 발끝에서다. 교회의 필로티 공간뿐이겠는가. 눈길이 가지 않는 모든 공간이 그렇다. 사람들의 걸음이 쌓이고, 경험이 쌓이고, 이야기가 쌓이면서 건축물은 완성되어 간다. 그 간단한 이야기를 잊고 있었다.

열려 있는 필로티 공간은 식당이 되기도 하고, 아이들의 공부방이 되기도 했다. 물론 동네 주민들을 위한 공짜 카페도 되고, 문만 열린 채 아무도 없는 공간이 되기도 했다.

교회는 그렇게 조금씩, 그리고 천천히 완성되어 가고 있었다.

자연과
하나되다

○○○ 농민회 생명단지 이야기

"야산을 놀리면
뭐합니까?"

벌써 10여 년 전의
일이다

암막 커튼이 젖혀지고 어두웠던 실내가 박수 소리와 함께 순식간에 환해졌다. 오래 기다렸다는 듯이 겨울 햇살이 쏟아져 들어왔고, 브리핑 파일에 갇혀 있던 평면들도 햇살과 함께 실내를 가득 메웠다. 브리핑실 맨 뒤에 서서 마음 졸이며 지켜보던 낯익은 사람들과 맨 앞자리에 앉아 호기심 어린 표정으로 바라보던 사람들 모두 그 순간은 햇살처럼 환한 얼굴이었다.

1년간 준비한 생명단지 계획안이 드디어 사람들 앞에 모습을 드러낸 시간이었다. 같은 목적을 갖고 활동하고 있는 여타 농민회, 농업신문 기자들과 모든 관계자가 모였다. 브리핑을 마치고 인사를 하던 그 순간, 서로 어깨를 두드리며 환하게 웃던 장면이 지금도 생생하다.

○○○ 농민회는 예나 지금이나 올바른 방향으로 시대를 이끌어 간다고 자부하는 단단한 단체 중 하나였다. 1966년 농민운동 단체로 창립된 이래 90년대 초반까지 사회 민주화와 농업·농촌·농민의 권익 보호를 위해 쉼 없이 달려왔으며, 그 후 지금까지 생명 농업 실현과 도농 공동체 건설을 위해 분명한 역할을 담당하고 있다. 그곳에서 추진하는 일이라면 그 계획안의 이름이 생명단지라는 거창한 이름이 아니어도 상관없었다. 수십 년간의 활동을 정리하고 새로운 비전을 제시하기 위한 프로젝트였다. 농민회의 이념뿐 아니라 다음 세대에게 보여줄 세상을 축약해서 건립해 보고자 했다.

단 1분도 고민하지 않았다. 이 일을 할 수 있다면, 그건 행운이라고 생각했다. 처음 건립 계획에 대해 미팅을 하고 설계 계약을 할 때까지 숱하게 세웠던 밤들과 스케치의 시간은 힘들지 않았다. 모두가 잠든 매일 밤이 빛나는 시간이었다.

80~90년대에 대학을 다닌 사람들에게 그 시절은 세세한 미래의 삶을 준비하는 과정이 될 수는 없었다. 시대는 젊은이들에게 거리로 나서거나 도서관에 있거나, 둘 중 하나의 선택을 혹독하게 강요했고, 중년이 된 그들은 모두 서로에게 표현하기 힘든 미안한 마음을 여전히 갖고 있다. 무엇이 옳은 선택이었는지 아무도 모른 채, 강의실에는 동기들의 빈 자리가 늘어 갔다. 알 수 없는 미안함을 가슴 밑바닥에 꾹꾹 눌러 담은 채 말이다. 도서관으로 오르는 가파르고 숨찬 계단 위로 매일매일 최루탄이 터졌다. 누군가는 괘념치 않고 도서관 자리를 지켰으며,

또 누군가는 화장실로 뛰어 들어가 흐르는 물에 아린 눈을 씻었다. 도서관의 창문으로는 폭죽처럼 터지는 하얀 포말이 보였고, 화장실의 작은 창문으로는 하얀 대리석으로 치장한 도서관 입면이 한가득 들어왔다. 누가 누굴 탓할 수 없는 시간이었다. 이쪽도 저쪽도 아닌 채 나는 어설프게 양다리를 걸치고 서로 다른 낮과 밤을 보냈다.

대학을 졸업하고 건축 설계 말고는 다른 일을 두리번거리지 않았다. 그렇게 묵묵히 걸어왔다. 모든 일이 그렇겠지만, 특히 건축 설계라는 분야는 태생이 어쩔 수 없이 자본의 그늘에서 자랄 수밖에 없다. 거대 자본이 들어가지 않는 건축이 어디 있겠는가. 어떤 일은 오직 대기업의 손익계산서를 위한 일개 소품에 지나지 않았으며, 또 어떤 일은 수익률 10% 아래 사용자가 중심인 가치 따위는 알면서도 모르는 척 덮어 두기도 했다. 물론 그 안에서도 끊임없이 질문했다. 내가 선택한 이 일이 나와 함께 조금은 더 나은 방향으로 가고 있는 것인지, 함께 성장하고 있는 것인지.

생명단지의 설계로 왠지 모를 그 마음의 빚을 덜 수는 없겠지만, 적어도 그동안 해온 건축 설계가 허튼 일이 아니었음을 스스로에게 증명할 수는 있을 거라고 생각했다. 그만큼 내게도 중요한 일이었다.

생명단지 터 마련, 그 묘수

처음 농민회 관계자를 만나 생명단지 사업 구상을 들으며 궁금했다.

'이 정도 규모의 토지를 갖고 있다고?' 예나 지금이나 농민회의 자금 사정이 넉넉지 않다는 것은 누구나 아는 일이었으니 당연한 궁금증이었다. 농민회에서 이런 사업지를 갖게 된 데에는 드라마틱한 사연이 있었다.

당시 부동산 시장에는 서울 근교의 전원주택 단지가 돈이 된다는 소문이 무성했다. 경기도 광주시 퇴촌면 역시 그 소문에 들썩거리며 하루가 멀다고 외지인이 드나들 때였다. 하지만 모든 주택단지가 성공적으로 분양되지는 않았다. 부푼 기대를 안고 토지를 매입했으나, 사업은 지지부진하고 개발 인허가 비용과 홍보 비용만 들어가기 일쑤였다. 당연히 빚을 내서 토지를 매입했으니 사업 일정이 늦춰지면 금융 비용 때문에 배보다 배꼽이 더 커지게 된다. 망하기 직전의 사업지가 속속 드러났다.

그때 농민회와 관계된 누군가가 부동산 업자에게 묘수를 하나 제안했다.

"아니, 주택단지 뒤에 있는 야산을 놀리면 뭐 합니까? 그거 입주민들 산책로든 텃밭이든 만들어줘 봐야 분양하는 데 도움이 되겠어요?"

"그럼 어찌합니까? 팔릴 땅도 아니고, 그렇다고 집을 지을 수 있는 땅도 아닌데요."

"농민회에 무상으로 소유권을 넘겨주는 겁니다. 그 땅에 농민회에서 주도하는 공공시설을 근사하게 짓는 조건으로요."

묘수이긴 했다. 주택단지 뒤 야산은 농림지, 임업용 산지 등으로 어차피 사업 이익을 남길 수 있는 땅이 아니었다. 부동산 개발업자 입장에서 곰곰이 생각해 보면, 잘하면 기회가 될 수도 있겠다 싶었다. 농민회의 공공시설이 들어선다면 매스컴도 타면서 자연스럽게 인근 주택지의 광고도 될 것이고, 무엇보다 주택단지를 분양받는 사람들에게 충분히 구미가 당기는 요소가 될 수 있을 것이다. 분명 아이들에게는 농업을 체험하는 기회가 될 것이고, 어른들에게는 주말농장을 넘어 기대 이상의 공간을 경험할 수 있는 기회가 될 것이다. 그렇다고 농민회가 손해일 리도 없다. 부동산 업자를 위해 무슨 큰일을 도모해 주는 것도 아니고, 잘하면 숙원 사업을 시작할 수 있다는 기대감이 컸다. 게다가 경기도 광주라면 일반인들의 접근성도 좋고, 투자를 받기도 수월해 보였다. 양쪽의 기대가 맞아떨어지자 사업은 순식간에 진행되었다.

경기도 광주시 퇴촌면에 있는 현장은 말 그대로 그냥 동네의 야산이었다. 오랫동안 사람의 손길이 닿지 않아서 나무며 흙이며 풀은 자유로운 모습으로 제자리를 지키고 있었다. 농민회 관계자들과 처음 현장을 방문했을 때 모두의 얼굴이 그리 밝지는 않았다. 아마 오기 전부터

현장 답사

온갖 아름다운 상상을 하고 있었으리라. 파란 잔디의 들판과 꽃밭까지는 아니더라도 길 잃은 등산로의 황량한 야산이라고는 생각하지 못한 듯했다. 현장 답사에 심지어 샌들이라니.

하지만 현장을 내려다보는 능선에 선 회장의 열변에 모두의 얼굴에 홍조가 들었다. 농민회장의 인생은 당시 농민회의 역사이기도 했다. 일흔이 넘은 어른의 배에서 나오는 웅변은 현장 전체를 휘돌았다.

모두는 생각했으리라. 그동안 자신들이 해온 일들이 곧 눈앞에 나타나겠구나. 옳은 일을 하고 있었구나. 현장을 오르는 동안 농민회의 누군가는 벌써 인근 지역으로 이사 오는 계획을 세우고 있었으며, 또 누군가는 벌써 벼농사가 끝난 들판을 상상하고 있었는지도 모른다. 현장을 한 바퀴 돌아보았을 뿐인데 처음 야산을 오르던 당혹감은 온데간데없이 사라졌다. 또 누군가는 인근 주택단지를 분양받아 동호회처럼 모여 살자고 했으니, 조심스럽게 뒤따라온 부동산 업자는 내심 쾌재를 불렀으리라. 모두가 가진 저마다의 희망으로 야산은 푸르게 덮여 갔다.

적어도 그날 오후에는 그랬다.

다소 거창하게 보일지도 모르는 명분이 회의 자료로 건네졌다. 야산에 펼쳐질 생명단지가 담아야 할 내용이었다. 첫 미팅부터 만만치 않았다. 공간에 대한 요구 조건이 명확한 다른 프로젝트와는 확연히 달랐다. 이런저런 공간이 몇 평 필요하고, 공사비 얼마에 맞춰야 하고, 향후 유지 관리도 신경 써야 하고 등등 실무진의 수첩에 빼곡히 메모한 설계 조건이 있었을 테지만, 이번 일은 달랐다. 사업의 명분 쌓기부터 시작했다.

　"농민운동에서 생명 공동체 운동으로 전환한 지 20여 년. 그동안의 성과를 정리·계승하고 향후 운동의 전망을 밝히는 데 있어 퇴촌 생명 학교가 연구·교육 및 실천 공간으로서의 역할을 담당하고자 함."

　"교육 연구 센터, 교육 농장 등을 통해 농업의 가치에 대한 인식 확대 도모."

　"토종 종자의 구매, 보관, 재배, 보급을 위한 교육 공간으로 활용."

　"농법을 넘어 생활 공간과 생활양식에서 에너지 자립 시도와 보급."

　"생명 평화를 위한 마을 만들기."

　하기야 이처럼 추상적이고 관념적인 회의가 이들에게는 그 어떤 실무적인 회의보다 훨씬 더 자연스럽다. 농민회를 이끌어 오면서 한 번도 그 일이 건축과 관계된다는, 심지어 건축을 통해 그 모든 일이 엮이고 눈앞에 펼쳐질 거라고는 상상하지 못했을 것이다. 그러니 회의가 구체적이고 실질적일 수는 없는 노릇이었다. 회의가 거듭될수록 이 추상과 관념은 도면 위에 숫자로 표현될 것이다. 건축가가 해야 할 일이다.

**벤치마킹보다
한 걸음 더**

몇 번 설계 미팅을 한 뒤 농민회 관계자들과 설계팀은 강원도 인제로 출발했다. 그곳에는 '한국 DMZ 평화생명동산'이라는 이름으로 운영되는 단지가 있다. 10여 년의 준비 끝에 2009년 개관했으며, 지금까지 모범적으로 운영되는 손에 꼽히는 성공 사례로 알려져 있다. "생명의 열쇠로 평화의 문을 열고, 평화의 들판에 통일의 집을 짓는다"라는 생명동산의 갈 길과 할 일에 걸맞은 건축물이 조성되어 있다.

산의 능선을 따라 산책로를 내려오다 보면 숙소동의 지붕에 이른다. 건물이 산자락에 그대로 안겨 있다. 잔디와 풀로 덮인 지붕의 끝에서는 단층 건물의 외벽을 코르텐강corten steel(녹슨 철판)이 단단함을 넘어 당당하게 감싸고 있다. 그 포근함과 당당함이 충격적이었다.

마치 하드커버의 두꺼운 책 한 권이 무릎 앞에 쿵 떨어진 느낌이었다. 저걸 어떻게 읽어야 하나, 책을 펼치기도 두려운 그런 느낌이었다.

숙소동의 건물 복도를 따라 발목 높이에 가로로 길게 만들어진 창이 특별했다. 단층 건물의 층고를 서로 다르게 만들어서 중간중간 낸 천창도 특별했다. 하루 종일 생명동산을 견학하고 저녁 어스름에 이곳 숙소로 들어서는 상상을 했다. 조명 없이 발목에 비치는 저녁의 창가 노을이라면, 그것만으로 내 걸음걸음을 다시 생각할 수 있게 될 듯했다. 건축가의 재치와 유머를 넘어 그 자신만만함이 느껴졌다. 그날 밤 농민회 관계자들과 우리의 논의는 걱정과 희망으로 가득 찼다.

'한국 DMZ 평화생명동산'은 농민회의 계획을 위해 배울 점이 많은 것은 분명했다. 하지만 우리는 그보다 한 걸음 더 가보기로 했다.

생명동산은 훌륭한 단지였으나 자연에서 이루어지는 모든 견학과 교육은 숙소동과 교육동으로 분리되어 있었다. 우리는 배치 계획 개념을 그날 다시 논의했다. 숙소동의 거실 창을 나가면 논과 밭이 있고, 교육동과 에너지관의 교육 동선도 내부와 외부가 자연스럽게 연결되도록 변경과 변경을 거듭했다.

다음 날 아침 마당에서 올라오는 향기와 풀잎에 반짝이던 햇살을 기억한다. 술 때문이었는지, 아니면 회의 때문이었는지 모르지만, 퉁퉁 부은 서로의 얼굴이 든든하게 다가왔다.

동화 속의
벽장문

야산,
초록의 마스터플랜

단지의 설계 컨셉을 그림보다 먼저 말로 설명하며 좀 더 쉽게 논의할 방법이 뭘까 고민했다. 기우였다. 가칭 '생명단지 건립추진위'에 참여한 회원들은 이미 그 찬란한 결과를 위해 자료를 모으고 틈나는 대로 공부하며 그렇게 충분히 건축가가 되어 가고 있었다. 대책 없이 순수한 열정은 목표에 이르기 전에 깨지고 망가지겠지만, 끝까지 완주하는 서로의 힘이 될 것이다. 일주일에 한 번 하는 회의가 기다려졌다.

"함께 돌아본 현장은 급하거나 완만한 경사의 야산입니다. 물론 장애인을 위한 시설도 있어야겠지만, 기본적으로 현재의 경사면과 능선을 유지하고 흙의 반출을 최소화하는 계획을 생각하고 있습니다."

교육관에서 바라본
논밭이 들어설 곳

"사용자의 생명과 터의 생명이 함께하는 컨셉을 기본으로 하겠습니다. 인위적인 절토와 성토를 지양하고 공사 기간이 다소 더 걸리더라도 이곳 야산이 오랫동안 갖고 있었던 성향을 받아들이고자 합니다."

"가능한 한 모든 에너지는 현장에서 해결할 수 있도록 계획하겠습니다. 지열과 태양광, 그리고 펠릿을 이용한 나무 보일러도 적극적으로 고민하겠습니다. 제로 에너지, 친환경 단지 만들기를 기본 목표로 잡을 겁니다."

모든 건축물의 첫 스케치는 무조건 현장에서 시작된다. 규모나 용도와는 관계없이 현장에서 보는 아침과 저녁의 석양, 무엇보다 오래도록 걸어 다리가 아플 때쯤이면 알게 된다. 이렇게 야산으로 이루어진 현장이라면 두말할 필요도 없다.

물론 등고선과 주변 현황이 그려진 측량 도서가 있긴 하지만 두 발로 걸으면서 파악하는 현장과는 사뭇 다르다. 그렇게 몇 번을 오르내리면 관계자들과의 컨셉회의가 비로소 손에 잡힌다. 지금, 이 글을 쓰고

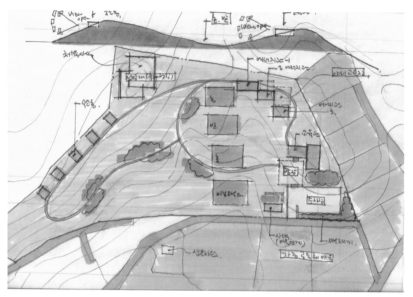
배치안 초기 스케치

있는 순간에도 논밭을 계획했던 위치와 물을 끌어모으려던 저장고, 그
곳으로 걸어가던 능선의 폭이 선명하게 떠오른다.

　스케치안의 아랫부분 회색으로 칠해진 곳이 부지 조성 작업이 일단
락된 전원주택 단지다. 6미터 개설 도로를 사이에 두고 맞은편 연두색
으로 표시된 곳이 농민회의 생명단지가 조성될 곳이다. 야산 하나를
농민회로 소유권을 이전했다. 물론 꽤 경사가 심한 야산이긴 하지만 주
택단지와의 관계는 좋아 보였다. 주택단지의 입주민 입장에서 보면 대
규모의 관광객이 몰릴 시설이 아니고 언제나 산책하듯 시설을 경험할
수 있어 보인다. 농민회의 생명단지 입장에서도 그건 마찬가지다. 아무
리 도심지와 접근성이 좋아도 황량한 산지에 덩그러니 놓인 시설들보

다는 사람들이 두런거리는 주택단지 옆이 좋아 보인다.

생명단지가 들어설 지형은 우선 북향이다. 남쪽으로 등고선이 높아지고, 좌우 부지의 가운데는 움푹 들어간 골짜기다. 높아진 등고선은 부지의 3분의 2 지점에서 다시 내려가기 시작한다. 부지의 어느 지점에 서면 부지를 가로지르는 골짜기 부분이 한눈에 들어오고, 또 어느 지점에 서면 진입 도로를 포함한 부지 전체가 조망된다.

배치의 몇 가지 원칙이 결정되었다. 북향을 극복하기 위한 세부 시설들의 배치였다. 모든 시설을 남향으로 배치할 필요는 없다. 모든 남향 배치가 정답은 아니다. 낮에 주로 사용되는 시설과 그렇지 않은 시설의 활동 시간을 계산해서 적정 일조를 확보해야 한다. 교육관, 에너지관, 숙소동이 모두 활동 시간이 서로 다르다는 것은 다행이었다. 계절풍, 바람의 영향도 고려해야 한다. 특히 부지를 가로지르는 골짜기는 바람에 절대적인 영향을 끼칠 것이다. 조망권과 지형의 높낮이도 고려해야 할 중요한 요소다.

스케치안의 오른쪽이 주 출입구 자리다. 주차장과 사람들이 모일 수 있는 광장이 배치되고, 등고선을 따라 가장 먼저 교육관이 들어선다. 교육관의 옥상이나 테라스에 나오면 골짜기에 형성된 논, 밭 등을 한눈에 바라볼 수 있을 것이다. 그 지점이 교육관의 외부 휴게 공간이 된다. 에너지관은 그곳에 들어설 각종 시설을 고려해서 서로 다른 크기의 공간들이 모여 하나의 건물이 되게 했고, 지형의 등고선을 그대로 유지했다. 어느 부분은 밖으로 드러난 지하층이 되기도 하고, 어느 곳은 천창을 통해 가장 깊숙한 곳까지 햇살이 들어올 것이다.

이제 능선을 따라 부지의 왼편으로 걸어가 보자. 숙소동은 능선의 반대편, 부지의 남쪽을 활용했다. 부지의 남쪽으로는 오직 산뿐이었다. 숙소동의 침실 조망이 결정되었다. 숙소동을 나와 야생으로 가꿔진 조경을 지나면 처음 모였던 광장에 도착한다. 중간중간에 단지를 관리하는 사택과 전망대, 일부 체육 시설도 자리를 잡았다. 최종 결과물은 많이 달라졌지만, 굵직한 배치의 원칙은 그대로다.

동화 속의
벽장문을 열고

건축가의 상상은 보행자의 동선에서 시작한다.

단독주택을 설계할 때나, 이런 야산 하나를 디자인할 때나 모두 마찬가지다. 도시인의 퇴근길, 원룸 오피스텔 현관문을 열고 들어가 침대에 쓰러지는 그 짧은 동선을 디자인하는 동안 창문의 크기와 샤워기의 위치가 결정된다. 국립미술관의 홀에 쏟아져 내리는 햇살은 또 어떤가. 기획전시실로 향하는 산책로와 외벽을 장식한 붉은 벽돌 하나하나 모든 디자인은 그렇게 공간을 걸으며 시작한다. 차를 세우고 지하주차장을 빠져나오는 동선이 얼마나 편리하고 얼마나 효율적인가로 설계의 점수가 매겨진다. 하지만 보행자의 동선에는 그와는 다른 점이 있다. 건물의 가슴으로 빨려 들어가 몸을 기대는 평화로움이 있다.

'당신의 인생에 무엇이 꼭 필요한가요?'라는 질문에 내가 서슴없이 '걷는 자유'라고 답하는 이유다. 이제 천천히 생명단지의 초입부터 걸어

교육관 스케치

보자.

생명단지의 작은 광장에서 처음 만나는 건물은 '교육관'이다. 서울뿐 아니라 전국에서 달려온 사람들이 차에서 내려 처음 마주하는 건물이다. 생명단지의 첫인상이다. '교육관의 강당에 모인 사람들은 무슨 강의를 듣고, 또 무엇을 얻어갈 것인가?'를 고민했다. 교육관인 건물에서 강당이 주인공이 되는 것이 맞는지를 줄곧 고민했다. 교육관이 들어설 부지를 아침저녁으로 걸었다. 교육관의 주인공은 강당이 아니라 강당 문을 열고 나오면 펼쳐질 잔디 옥상이다. 교육관으로 걸어 올라가는 폭넓은 외부 계단과 함께 논과 밭이 한눈에 들어오는 그 옥상이 주인공이다.

주차장에 차를 세우고 단지로 걸어 들어가면 폭 30여 미터의 계단이 눈에 들어온다. 계단은 그대로 주차장 앞 작은 광장을 향해 관람석이 되고 견학하기 전 안내의 장소가 된다. 계단을 오르면 교육관의 출입문이고, 올라왔던 계단실 하부는 교육관의 강당이다. 등고선을 따라 자연스럽게 형성된다. 이제 강당 밖으로 나오면 1층 사무실의 지붕, 옥상이다. 강당에서 들었던 생명단지의 논밭이 바로 눈앞에 펼쳐진다.

다음 코스인 에너지관으로 가는 길은 굳이 1층으로 내려갈 필요가 없다. 강당에서 오르막길을 따라 가면 그곳이다. 모든 보행자 동선은 야산의 등고선을 따라 자연스럽게 숨을 몰아쉬게 배치되었다. 헐떡거리는 숨소리마저 이곳에서는 유쾌하다.

에너지관은 방금 전의 교육관에 비해 내부 공간에 좀 더 무게를 두었다. 종자를 보관하고 친환경에너지, 농법 등을 적극적으로 전시하는

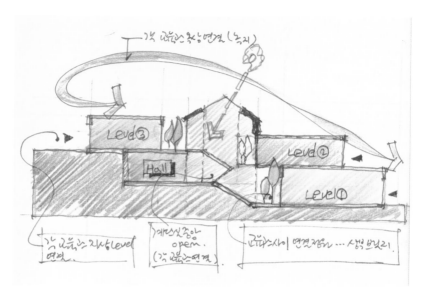

에너지관 단면 개념

공간이다. 가능하면 외부 환경에 대해 안전해야 하고 또 외부의 햇빛
과 바람도 내부 공간과 자연스럽게 어울려야 한다.

　교육관을 나오면 멀찍이 에너지관이 보인다. 에너지관 맨 끝에 오르
면 계곡처럼 움푹 팬 골짜기에 논과 밭이 있다. 그렇게 하나하나 계획
안은 완성되어 갔다.

　위 그림에서 햇빛이 쏟아져 들어오는 계단실을 중심으로 에너지관
의 공간들은 반층의 계단skip floor으로 각각 다른 레벨을 가지고 배치
되어 있다. 부지의 등고선을 따른 자연스러운 배치이기도 하거니와 무
엇보다 에너지관의 각 공간이 갖는 그만의 특별한 공간에 대한 배려가
필요했다. 모든 공간이 한 평면에 놓이는 배치는 땅을 오래 바라보지

못한 결과일 뿐이다. 무려 네 가지의 서로 다른 높낮이가 형성되었다. 공사비를 생각하면 비효율적인 구성이다. 하지만 생명단지라는 단어를 입속에서 한 번 중얼거리고 나면 당연한 배치였다. 교육관에서 나온 사람들은 어느덧 에너지관 안으로 들어와 있고, 사람들은 레벨이 다른 각 공간으로 흩어져 있다. 그들은 모두 계단실 천창에서 쏟아져 내리는 햇살을 함께 느끼고, 또 바람을 함께 느낄 것이다. 에너지관은 계단실이 주인이다.

가장 고민했던 부분은 방문객을 위한 숙소였다. 교육관, 에너지관, 종자관, 논밭 등등 농민운동과 생명공동체 운동의 실천 공간을 계획하는 일도 중요했지만, 어느 정도 계획안이 그려지면서도 숙소동은 쉽게 떠오르지 않았다.

이곳 생명단지에서 저녁과 밤, 다시 아침을 맞이한다는 것은 무엇을 뜻할까? 누구든 이곳 생명단지에서 하루를 보내고, 깊게 심호흡을 하며 걷는 아침 산책이 행복하길 바랐다.

멀리서도 눈에 띄는 건물보다는 오로지 이곳 산등성이에 가만히 묻혀 있는 숙소를 생각했다. 처음 현장을 방문했을 때 능선을 따라 걸었던 오솔길부터 시작했다. 그 능선 오솔길의 좌우로 다소 급한 경사의 산허리를 어떻게 할지 논의했다. 그 정도의 경사라면 당연히 정지 작업을 한 뒤 평지에 건물을 세우는 방법이 적당해 보였다. 하지만 우리는 능선 좌우에 출입문만 설치하고 숙소는 계단을 따라 내려가는 방식을 택했다.

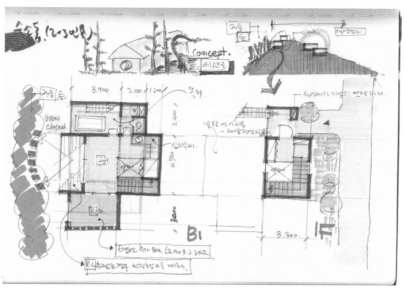

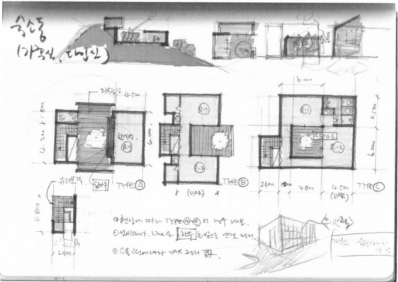

숙소동 설계 개념

오솔길을 따라 1층의 출입 공간을 최소화하고, 숙소는 지하에 구성했다. 물론 숙소의 전면에서는 생명단지 전체를 조망할 수 있었고, 생명단지의 주 동선에서 숙소는 그 모습을 드러내지 않게 되었다. 스케치의 위 그림이 길에서 만나는 숙소동의 1층 평면이다. 아파트 경비실만한 크기의 매스가 사람들을 맞이한다. 문을 열고 계단실을 따라 아래로 내려가면 비로소 거실과 방이 마련된 숙소가 나타난다. 교육관부터 쉬지 않고 오르막길을 걸었다. 이곳 숙소의 거실에 서면 눈 아래로 숲이 보인다. 오직 숲만 보인다. 해가 지고 별이 뜨면 적막이 친구가 될 듯하다. 숙소동은 하루 종일 생명단지를 걸어온 발과 마음과 머리를 다독여 줄 것이다. 숙소동이 그곳에 있는 이유는 그 다독거림에 있다.

스케치업 프로그램으로 올려서 확인해 본 숙소동의 1층 출입문은 마치 동화 속의 벽장문처럼 보였다. 저 문을 열고 들어가면 순식간에 한 번도 경험해 보지 못한 새로운 세상으로 빨려 들어갈 것만 같았다.

광주 퇴촌의 야산 하나가 도면 위에서 점점 색이 입혀지고, 그곳에서는 어느덧 방문객들의 모습이 보이기 시작했다.

오후 2시, 브리핑 장소로
사람들이 모여들기 시작했다

수도 없이 시뮬레이션을 했고, 예상 질문까지 충분히 숙지하고 있었다. 농민운동과 생명 공동체 운동이 무엇을 뜻하는지 몰라도 문제가 되지 않았다. 이곳을 방문하는 모든 사람은 풀과 나무와 논밭이 안내하는 동선을 따라 걸을 것이다. 그렇게 걷다 보면 알 수 있으리라. 이곳에서 지낸 하루를 통해 느낄 수 있을 거라고 생각했다. 흙과 풀과 나무와 함께하는 것, 그 평화로움을. 생명 공동체라는 거대 담론의 작은 시작이었다.

브리핑의 첫 장면은 볼품없는 야산 그대로의 모습으로 시작했다. '생명 공동체'라는 다소 추상적인 농민회의 이념이 구체적인 건축의 모습으로 야산을 채워 나갔다. 교육관을 지나 에너지관의 홀에 모인 사람들과 함께 종자도서관으로 문을 열고 들어갔다. 숙소동에 이르러 거실 데크에 서자 생명단지의 석양이 한가득 눈에 들어왔다. 브리핑을 하면서 스스로 목소리가 격앙됨을 느낀 순간이었다. 강당에 모인 사람들도 다르지 않을 거라고 생각했다. 이 시간을 위해 얼마나 많은 밤을 보냈고, 또 얼마나 많이 싸웠던가. 이 자리에 함께하지 못한 얼마나 많은 자료가 또 제 차례를 기다리고 있겠는가.

다른 농민회 관계자들은 종자도서관에 큰 관심을 보였고, 또 어떤 이들은 숙소동을 생명단지의 수익 모델로 만들자고도 했다. 논밭의 수확을 위해 상주 인원을 어떻게 배치할지 궁금해했고, 초등학교와 연계해서 세상의 중심이 되는 농업 이야기를 들려주자고 했다.

농업 관련 소식을 다루는 전문지의 기자는 맨 앞자리에서 꼼꼼히 메모했다. 그는 서울 근교의 '생명단지'가 시민들에게 많은 역할을 해줄 것이며, 농업계 연수 시설의 모범이 되길 기대한다고 마이크를 잡았다.

그날 모인 사람들은 이미 교육관의 계단을 올라 강당의 옥상 테라스에 모여 있었다.

명분만 앞선
모래성

**"윤 건축사한테는 내가 늘
마음의 빚이 있지요"**

얼마 전 생명단지를 계획할 당시 농민회를 이끌었던 회장과 저녁 식사 자리를 가졌다. 생명단지 일이 결국 실패로 결론 난 이후 회장은 정부 요직으로 자리를 옮겼고, 그 후로도 간혹 안부를 물으며 지냈다.

막걸리가 두어 잔 도는 동안 개인의 건강과 터널에 갇힌 세상의 답답함에 대해 가벼운 이야기가 이어졌다.

"윤 건축사한테는 내가 늘 마음의 빚이 있지요."

이런 두서없는 고백이라니. 순간 나는 움찔했다. 때로 문장에 담기지 않는 진심이 있다. 목소리는 건조했고, 옆자리에 있었다면 툭툭 어깨를 치며 그 시절 서로가 참 고생 많았다고 위로의 몸짓이 뒤따를 순서였다. 진심이 담긴 고백이라기보다는 저녁 술자리를 끌고 가는 가벼운 소재로 느껴졌다. 적어도 내게는 그랬다. 모두가 집으로 돌아간 광화문의 겨울 밤거리는 유난히 차가웠다.

동행한 지인은 기가 막힌다는 표정으로 물었다.

"아니 윤 소장님! 그럼, 그동안 제대로 된 설계비는 고사하고 계약금도 못 받고 일을 하셨다고요?"

"저 사람들도 문제지만 소장님도 참 문제시네요. 재능 기부를 하는 것도 아니고, 계약서가 있는데도 정부 예산을 받지 못해 비용을 지급하지 못했다는 변명이 말이 되는 소린가요?"

아마 그날이었을 것이다. 대체 무엇이 그 시절의 열정을 실패로 결론 짓게 했는지, 그 실패를 기록해야겠다고 생각했다.

"선배!
정말 괜찮겠어요?"

못 받은 설계비에 대해 소송이라도 해야 하는 거 아니냐는 팀원들의 원성이 자자했다. "소장님도 고생하셨지만, 저희도 너무 기분 안 좋습니다.", "솔직히 이런 매너는 아닌 거죠.", "이미 납품확인서도 받아 놓았는데, 그동안 고생한 거에 대해 최소한의 보상은 받아야죠.", "우리 잘못은 아니잖아요." 당연한 이야기였다. 탁자 위 복사지와 함께 숱한 새벽을 맞이했다. 아침 바람을 가장 먼저 맞이하던 시간에는 행복했다. 팀원들 모두 매일매일 새로운 설계 컨셉을 내보이며 싸웠다. 그 싸움은 얼마나 유쾌했던가. 그 싸움 뒤에 마시던 술 한잔은 또 얼마나 달았던가.

이 사태에 손을 놓고 있었던 것은 아니다. 잠정적으로 생명단지 사업이 더는 희망이 없다고 느껴졌던 날이었다. 실무자인 사무국장과 늦도록 술을 마셨다. 생명단지 얘기는 입 밖으로 꺼내지도 않았다. 불편한 이야기였다. 일이 이렇게 된 이상 앞으로 벌어질 일은 제쳐 두고 그날은 서로에 대한 배려로 마무리했다. 당신은 얼마나 힘들었겠냐는 가식적인 다독거림으로 술을 마셨다.

헤어질 무렵 소송 얘기를 꺼낸 건 나였다. 그것도 아주 조심스럽게. 나중에 본격적으로 변호사 상담을 받게 되었을 때 어이없다는 표정으로 변호사가 말했다. "조용히 진행해도 될까 말까 한 일을 그렇게 떠들고 알려 줘서야 원." 거리는 추웠다. 지금 당장 비용을 지급받을 수는 없더라도 우선 토지에 가압류라도 해둬야겠다고 말했다. 단단히 마음먹고 사무국장의 눈치를 살폈다.

그런데 토지에 대한 가압류가 애초부터 불가능했다는 사실을 알게 된 것도 그때다. 계약 당사자인 농민회 법인과 토지 소유권을 가지고 있던 농민회의 농업 법인은 서로 다른 법인이었다. 결국 계약 당사자 말고 엉뚱한 사람의 땅에 가압류를 하자고 달려든 셈이었다. 그날 실무자인 사무국장이 이런 사실을 알고 있었는지는 중요하지도 않고, 또 알 수도 없는 일이었다. 분명 나의 이런 결정과 행동을 농민회 집행부 모두가 보고받았겠지만, 그중 누구 하나 연락하지 않았다. 참담했다. 이런 사람들과 일을 도모했구나.

"선배! 정말 괜찮겠어요?"

"돈이 나올 것 같지도 않고, 이러다가 선배 인맥의 한쪽을 잃어버리는 거 아닌가 해서요. 누가 소송을 했다더라 소문나 봐야 그 양반들이 다치기야 하겠어요? 선배만 이상한 사람 되는 거 아닌가 해서요."

하지만 이건 나 한 사람의 문제가 아니었다. 유쾌한 싸움을 밤새 이어 가던 팀원들에게 그 지나간 기억이 상처가 되지 않기를 바랐다. 나에게도.

"후배님! 걱정하지 마! 이건 소송이 아니고 다짐이야. 잃어버려야 얻는 다짐."

실패로 향해 가는
하모니

2015년부터 2018년까지 4년 동안 매년 정부 예산을 신청했다. 그리고 매년 선정에서 제외되었다.

물론 이 결과가 나의 몫은 아니었다. 이미 마스터플랜은 완성되었고, 그다음은 그들의 몫이었다. 중앙정부와 경기도(광주시), 사업 주체가 3분의 1씩 사업비를 마련하는 경우였다. 사업 주체는 이 부분을 토지로 대신하는 구조이니 큰 문제는 없어 보였다. 정부 세종청사를 방문해서 관계자와 미팅할 때는 마스터플랜 풀세트와 요약본을 준비했고, 심지어 A4 용지 한 장으로 그 방대한 자료를 축약하기도 했다.

나는 지금도 예산을 확보하지 못한 이유를 정확히 알지 못한다. 물론 이런 방대한 사업의 복잡한 역학관계를 알 수 없으니, 그 결론에 이르는 과정도 알 수가 없다.

농민회 관계자들에게 계획안 브리핑을 끝내고 곧장 예산 확보 절차에 들어갔다. 실무자인 사무국장은 이미 정부의 담당 부처, 지자체 등에서 긍정적인 답변을 얻었다며 자신만만한 표정이었다. 이만큼 확실하게 명분 있는 사업이 어디 있냐며 벌써 건축 인허가 일정을 챙길 정도였다. 하지만 결과는 예상 밖이었다. 지역 국회의원도 도저히 이해할 수 없는 결과라며 분개했다. 그때까지만 해도 뭔가 취약점을 찾아서 보완하면 일 년 후의 예산 확보는 가능하다고, 아니 당연하다고 생각했다.

연거푸 두 번이나 예산 확보에 실패하고 나서 뭔가 새로운 방법을 찾아야 한다고 논의할 때였다. 회의를 마치고 나올 때 회의실의 이상한 기류를 느낀 것은 나 혼자뿐이었을까. 야산의 능선을 휘돌던 농민회 회장의 목소리는 어디서도 들을 수 없었다. 1년여밖에 남지 않은 회장의 임기가 이상한 기류에 한몫을 했다. 소극적인 입장으로 바뀐 것은 그 때문이었다. 될지 안 될지 모를 사업을 추진하면서 임기 안에 마무리되지도 않겠지만, 어쩌면 사업이 추진되지 않는 책임을 온전히 짊어져야 하는 일이 생길 수 있기 때문이었다. 정부와 불편한 관계를 만들 이유가 없었다. 예산 확보를 해서 사업이 된다면 더할 나위 없는 일이고, 안 된다고 해도 무슨 책임이 있는 건 아닌 일이다. 자기를 따르라며 앞에 나설 이유가 없었다. 실무자인 사무국장도 이미 그 사실을 알고 있었다. 굳이 내게 말할 이유도 없었다. 두 번, 세 번, 네 번 조바심속에서 나는 새로운 자료를 준비했다.

그 길고 긴 마라톤 코스를 실패로 완주하고 결승선에는 나 혼자 덩

그러니 서 있었다. 회장도, 사무국장도 그 자리에는 없었다. 박수를 보내던 관람석의 관중도, 함께 출발선에 섰던 그 누구도 결승선에 없었다. 가칭 '생명단지 건립추진위'의 회장과 핵심 멤버들은 마라톤이 끝나기 전에 이미 정부의 요직과 서울시의 특채로 자리를 옮길 준비를 하고 있었다. 그 모든 상황이 생명단지의 추진과 어떤 관련이 있는지 나는 알지 못한다. 다만 트랙의 그 빈 자리에는 세상에 나오지 못한 도면들만 대신 뒹굴었다.

실패에 이르게 된 내부의 원인도 있었다. 호기롭게 예산 신청을 하던 그즈음 개발업자의 달콤한 제안은 생명단지를 위한 큰 그림처럼 생각되었다. 개발업자가 진행하다 지지부진했던 주택단지의 분양이었다. 물론 생명단지가 들어선다는 소문 덕택에 인근 주택단지가 들썩거리던 때였다.

"○○○ 농민회 분들이라면 분양가의 절반 가격으로 해드리겠습니다. 나중에 생명단지가 들어서면 두 배는 더 뛸 거예요."

"여러분이 이렇게 고생하시는데 저희가 이 정도는 해드려야죠."

당시 꽤 많은 농민회 사람들이 함께 땅을 매입하고, 실제로 공동체 마을을 꿈꿨다. 결국 이런 사실이 땅을 매입하지 않은 사람들과 드러나지 않는 불신이 쌓이게 된 이유였다. 생명단지를 바라보는 내부의 시선들은 그렇게 서로 어긋나기 시작했다. 농민회 내부에서도 '이 사업이 되겠어? 굳이 이 사업을 해야 해?' 하는 부정적인 견해를 갖고 있는 사람이 꽤 많았다고 한다. 생명단지를 추진했던 회장과 관계자들이 귀를 막고 일을 추진하고 있었던 것이다. 듣기 싫은 얘기에 귀를 막았다는 것을 나중에야 알게 되었다. 단지 앞에 전원주택 단지가 있는데 거기 농민회 관계자들 다수가 토지를 갖고 있다더라는 둥 생명단지가 조성되면 누구누구가 그걸 맡아서 평생직장이 된다는 둥 한심하기 그지없는 소문이 돌았지만, 아무도 그 소문에 귀 기울이지 않았다. 결국 생명단지 사업은 농민회 모두가 아닌 일부가 원하는 사업으로 전락했다. 그렇게 모두가 원하던 명분은 각자의 명분 속에서 천천히 사라졌다.

결승선에
홀로 서서

생각해 보면 내가 두려웠던 것은 못 받게 된 설계비가 아니었다. 매년 정부 예산과의 싸움에서 이들이 지쳐 떨어지는 건 아닌지, 그렇게 이 모든 일이 아무 일도 아니었다는 듯 저녁 술 한잔으로 사라지지는 않을지 그 점이 두려웠다.

계약서대로 비용을 지급받지 못하는 상황에서도 4년이나 '생명단지 건립추진위' 일을 계속 도왔다. 그동안 대한민국의 자본시장에서 건축가로 살아오며 수도 없는 경험을 해왔다. 자본의 지배 아래 옴짝달싹할 수 없는 구조에서도 스스로에 관한 질문을 멈춘 적은 없었다. '나는 건축과 함께 성장하고 있는가?' 도서관의 책장과 광장의 최루탄 사이에서 위태롭게 한 시대를 지낸 우리는 항상 같은 질문을 했다. '우리는 지금 올바른 방향으로 가고 있는가?' 생명단지는 그동안 건축을 통해 고군분투해 온 그 모든 질문의 과정이 결코 헛수고가 아니었다는 것을 스스로에게 증명하는 일이었다. 내가 세상을 대하는 신의에 관한 일이었다. 생명단지의 설계, 그 일은 그렇게 내게 간절했다.

하지만 어느 사업에서건 설계는 어느 순간 뒷전으로 물러날 수밖에 없음을 누구보다 잘 안다. 그 사실을 목도하기 두려웠다. 심지어 설계비 등 돈 얘기가 사업의 걸림돌이 되는 게 아닌가 생각할 정도였으니 참으로 어리석은 판단이었다. 오죽했으면 동료들은 '납품확인서'라는 제목으로 확인 도장까지 받아 놓았을까.

무엇보다, 농민회의 그 누구도 이 사업에 목숨을 걸지 않았다. 그만큼 절박하지도 않았으며, 명분이 앞선 사업은 모래성 같았다. 누군가 그 명분에 흠집을 내면 신기루를 쫓아가듯 몇 달이고 시간을 허비했다. 그뿐이겠는가. 경기도 예산을 신청할지, 광주시 예산을 신청할지도 그들에게는 또 다른 명분이 필요해 보였다. 그렇다고 어느 날 '이제 이 사업은 접읍시다'라고 결정한 일도 없었다.

기억하고 싶지 않은 장면이 있다. 대전 유성 어디쯤이었다. 농민회의 신임 회장이 취임하고 농민회의 향후 사업에 관한 발제가 있던 날로 기억된다. 생명단지 사업의 실무를 책임지던 사무국장은 꼭 같이 가야 한다며 수시로 확인 전화를 했다. 유성의 유스호스텔 입구에는 신임 회장의 취임 축하 플래카드가 펄럭였다. 그나마 아는 얼굴이 악수를 건네며 자리를 안내했다. 행사가 끝날 때까지 생명단지에 관한 이야기는 언급되지 않았다. 경기도 광주의 농림 지역 산 하나를 농민회가 소유하게 되었고, 그 땅을 활용해서 농민회의 어떤 사업을 진행할 수 있을 거라는 얘기 정도였다. 그 누구도 건축가의 존재를 몰랐고, 관심도 없었다. 내게 악수를 건네는 신임 회장의 표정에는 불편함이 역력했다. 마무리되지 않은 사업을 이관받았으나 관심 밖의 일이었을 것이다. 많은 자리에 참석해 봤지만, 그날 그 자리의 자괴감은 다시 없을 기분이었다. 함께 간 사무국장은 생명단지 사업을 잘 마무리해 보자며 나를 새로운 집행부에 소개했다. 그 저녁, 누구도 그 인사를 진지하게 받아들이지 않았다.

관계자들 모두가 한 방향을 바라보고 달려가기 위해서는 각자의 역할과 의무를 분명하게 알아야 한다. 그들은 정부 예산이 집행되기 전에 초기 자금을 반드시 구해서 집행해야 할 의무가 있다. 건축가 역시 제대로 된 설계비를 받고 단지 계획안뿐 아니라 이 사업의 메커니즘에 깊숙이 관여해야 했다. 그랬다면 결과는 달라졌을 것이다. 매번 국회 예산을 받기 위한 최종 리스트에서 제외되었다면, 분명 그럴 만한 이유가 있는 것이다. 진보 정권이 여당이고 농민회의 존재가 나름 그들에게 힘이 되었다고 해도, 이것은 돈이 오가는 사업이다. '이 사업을 반드시 해야겠다'는 절박함을 갖고 있었다면 어땠을까. 그래서 서로가 든든한 연대로 어깨 걸고 걸어갔다면, 분명 결과는 달라졌을 것이다. 사업을 쪼개서 교육관이든 논밭이든 최소 사업비가 투입되는 쪽으로도 검토했을 것이고, 숙소동은 맨 나중으로 사업을 수정했을 수도 있었겠다. 그렇게 4년이라면 방법을 찾았을 것이다. 하지만 명분에 기댄 사업은 개인의 욕망과 처세 앞에서 맥없이 무너졌다. 그 누구도 한 방향을 함께 바라보며 길고 힘든 마라톤의 결승선까지 달려가지 못했다.

그날 광화문 사거리에서 기막히다는 표정을 짓던 지인은 한마디 덧붙였다.

"설마 이 이야기의 끝이 실패의 기록이겠어요?"

이 회고가 실패의 기록일 리 없다. 최선을 다해 달려온 누군가의 결승선은 끝이 아니라 새로운 출발선이다. 건축가로서 여전히 현재진행형으로 달려가고 있는 마라톤의 한 이정표다.

생명단지 조감도

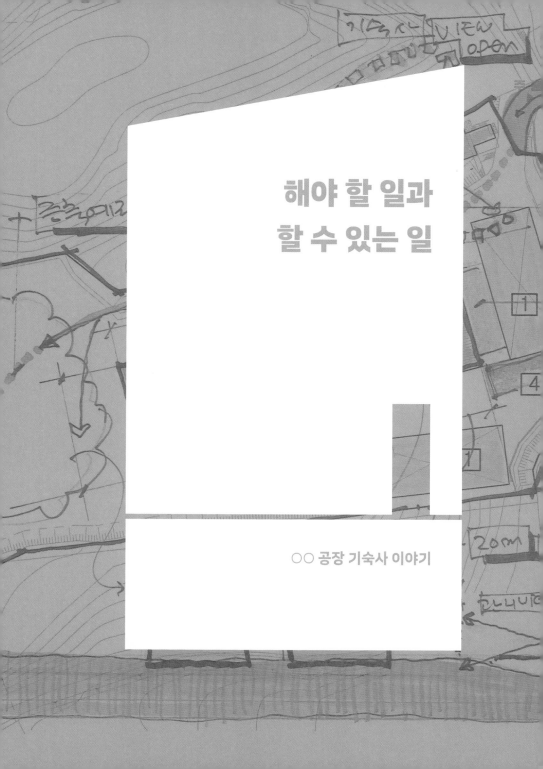

해야 할 일과
할 수 있는 일

○○ 공장 기숙사 이야기

"기숙사가
필요하다고요?"

공장 설계의 처음과 끝,
기둥 간격

처음 공장 설계를 의뢰받았을 때만 해도 이번 일의 설계 과정을 되짚어 보며 또 글로 옮길 생각은 하지 못했다.

다른 프로젝트에 비해 공장 설계는 비교적 단순하다. 단순하다는 것은 발주처의 요구 사항이, 그 규모와 기능이 명확하다는 것이다. 그렇기에 설계비 역시 다른 용도의 건축물에 비해 상대적으로 단가가 낮게 책정되어 있다. 공장 설계는 무엇보다 신속하게 일을 마무리하는 것이 가장 큰 미덕이다. 그만큼 고민의 시간보다는 속도가 필요한 프로젝트였다. 서둘러 마무리하고 다른 프로젝트에 더 집중하고 싶었다.

하지만 이번 설계 과정은 '건축가가 해야 할 일'과 '건축가가 할 수 있는 일'을 깊이 생각하는 기회가 되었다. 이번 글은 발주처의 요구 조건을 만족하는 설계를 넘어 아무도 요청하지 않았지만 '건축가로서 할 수 있는' 어떤 고민에 관한 이야기다.

어떤 프로젝트든 건축설계 제1의 필요충분조건은 두말할 것 없이 '기능'이다. 거실과 식당, 방의 기능이 서로 완벽히 어우러지는 주택 설계이든, 예배당의 기능이 최우선인 교회 설계이든, 숙박실이 완벽한 호텔 설계이든 모든 용도의 건축물은 그에 맞는 기능을 요구한다. 하물며 특수한 목적을 지닌 공장의 설계는 어떠하겠는가. 게다가 의뢰받은 공장은 이제 막 무언가를 만들어 내기 시작하는 신축 공장이 아니라 이미 기반이 탄탄한 중견 기업의 공장이다. 이미 규모가 꽤 큰 공장을 운영 중이었으며, 그보다 두 배가량 큰 공장을 새로 짓는 일이었다. 이런 경우 건축사는 공장의 시스템을 박사 수준으로 아는 공장장의 강의를 듣고 그 시스템에 적합한 설계를 하는 일에 충실해야 한다. 공장

사진은 기존 공장의 내부다. 이 정도 규모의 공장 한 개 동과 그보다 세 배가량 큰 공장 한 개 동, 총 두 개 동을 증축하는 프로젝트다(내부 폭 20미터가량의 일반적인 공장 모습이다. 철골 기둥의 간격과 경사 지붕의 형태가 공사비를 결정한다).

의 기능을 가장 효율적으로 담을 수 있는 설계가 이번 프로젝트의 필요충분조건이다.

"소장님! 설계비는 비교 견적 없이 그대로 계약하는 것으로 결재받았습니다."

"다만, 사업 일정에 절대 차질이 없어야 한다는 말씀 꼭 전해 달라고 하십니다."

"현장 조사하고 3개월 후면 착공할 수 있겠죠? 해외 바이어들 공장 견학 일정이 잡혀 있어서요."

발주처의 팀장은 기분 좋은 목소리로 전화를 걸어왔다. 아무리 공장이라고 해도 무슨 붕어빵을 찍어내는 것도 아니고 뭐 이런 사람들이 있나 싶었다. 빨리 서둘러 달라는 정도의 주문으로 이해하고 일을 시작했다.

공장 설계를 의뢰받고 계약할 때까지 회사의 대표를 만날 기회도, 그럴 필요도 없어 보였다. 회사의 사옥을 짓는 일도 아니고, 더욱이 이미 정해진 면적대로 패널 외장의 박스를 설계하면 되는 일이라고 생각했으니 그럴 만도 했다.

이때 가장 중요한 것은 공장 시스템에 맞는 기둥 간격과 지게차와 노동자 등의 동선 처리다. 기둥 간격이 건물의 폭(20~30미터)만큼이라면 내부 공간을 아무 거리낌 없이 사용할 수 있으니, 이보다 효율적일 수는 없다. 하지만 2층 규모라면 그 하중을 버티기 위해 공사비가 몇 배 더 들어가는 공법을 사용할 수밖에 없으니, 그 적정 간격을 제안하는 것이 무엇보다 중요하다. 공사비는 곧 회사 이윤의 직접적인 요인이다.

비용 절감을 위한
기숙사 신축

외국인 노동자를 위한 기숙사 얘기가 나온 것은 기존 공장을 견학하고 몇 번 더 실무 미팅을 한 뒤였다. '이렇게 중요한 이야기를 이제 한다고?' 아무도 대수로이 생각하지 않았다. 외국인 노동자 30여 명의 숙소는 원래 시내 어디쯤 마련해 줄 계획이었다. 공장 설계가 진행되는 와중에 갑자기 숙소 계획이 공장 부지 안으로 들어온 이유는 너무 뻔했다. 바로 비용 절감 때문이었다. 시내에 20여 명이 묵을 아파트를 구입하고 아침저녁으로 교통비에 관리비를 계산한 것보다 기숙사를 신축·유지하는 것이 훨씬 효율적이기 때문이다. 심지어 공장 부지에 노동자를 위한 기숙사를 짓기로 하고 그 위치를 지정하는 회의에 건축가는 필요하지 않았다.

A4 용지의 지적도에 빨간 펜으로 동그랗게 표시된 종이 한 장을 전달받았다. 기숙사의 위치였다. 회사의 임원들 몇이서 현장을 방문했을 테고, 공장장의 설명을 들었을 것이다. 이곳은 공장이 들어서는 곳이고 여기는 주 출입구, 방문 차량은 이곳에 주차하고 등등. 그리고 여기쯤이 가장 외진 곳이니 시끄러울 것도 없이 기숙사 짓기는 좋을 것이라고, 그렇게 기숙사 위치가 결정되었을 것이다. 가장 후미진 곳의 부속 건물로, 그것도 공장과 같은 패널 건물로 말이다.

앞서 얘기했듯이, 이번 공장 프로젝트는 기존 공장 건물 세 동을 개보수함과 동시에 남은 부지에 공장 두 동을 추가로 증축하는 일이다.

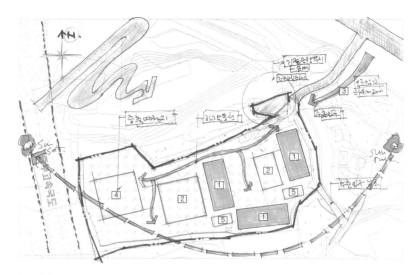

기존 배치도

기숙사의 위치가 표시된 종이 한 장을 전달받은 날 저녁, 발주처의 실무진을 통해 그간의 의사 결정 과정에 관해 들었다.

이미 한 달가량 일이 진행된 후였다. 현장 조사와 공장동의 개략적인 배치 계획이 끝나고 지질조사도 마무리되었다. 특히 지질조사는 건물이 앉힐 예상 범위에서 계단실 등 주요 구조체의 위치를 기준으로 땅속 지질을 조사하는 일이다. 지질조사를 바탕으로 건물을 지탱하는 기초의 방식을 결정하게 된다. 기숙사의 위치가 새롭게 결정된 날은 공장동 등의 배치 그림이 얼추 완성된 다음이었다. 그만큼 기숙사는 중요한 사안이 되지 못했다.

복사지에 빨간 펜으로 표시해서 전달받은 기숙사의 위치는 위 그림에서 5번이다. 공장이 들어서고 남은 자투리 공간 두 곳 중 한 곳으로 결정하면 된다는 뜻이었다. 그림의 1번으로 표기된 건물 세 동이 기존 공장 건물이고, 2번으로 표기된 건물 두 동이 이번에 새로 증축하는 공장 건물이다. 3번 주 진출입로는 주도로에서 공장 바닥까지 약 3~4미터의 레벨 차로 이루어져 있다. 공장 부지는 주도로에서 오르막길을 따라 올라와 그만큼 높은 곳에 앉아 있다. 4번으로 표기된 부분은 이번 증축 이후에 향후 또 다른 증축 부지로 활용될 예정 부지다. 규모가 상당한 공장 프로젝트다.

기숙사 부지를 결정하는 데 필요한 몇 가지 기본 조건이 나열되었다. 첫째, 평일은 물론 주말에도 공장을 방문하는 외국 바이어가 상당히 많으며, 이곳을 거점으로 국내 곳곳으로 물류가 시작된다는 점이다. 결국 가능하면 기숙사의 노동자들과 방문객들이 서로 마주치지 않는 것

기존 공장 건물 사이 기숙사 예정지

이 회사로서는 좋을 거라는 뜻이 된다. 둘째, 노동자들이 일과를 마치고 퇴근한 이후에도 간혹 공장은 돌아가야 한다는 점이다. 이때 공장과 가장 가까운 곳에 기숙사가 있다면 공장을 관리하거나 혹여 발생할지 모르는 야간의 돌발 상황에 대처하기 쉬울 것이라고 했다.

거의 모든 공장이 그렇듯, 공장 후면에는 공장에 필요한 여러 가지 잡다한 기능의 다양한 시설이 존재한다. 준공 이후 필요에 따라 설치되는 시설들이어서, 관리도 체계적이지 못한 경우가 많다. 가까운 거리에서 관리할 수 있다면 가장 효율적일 것이다. 결국 기숙사 부지는 증축하는 공장동에서 가장 가깝고 또한 잘 드러나지 않는 위치로 결정되었다. 철저하게 공장 운영자의 입장에서 결정되었다. 공장장은 내게 빨갛게 표시된 복사지를 건네며 한마디 덧붙였다. 이곳에 근무하는 외국인 노동자들에게는 다른 곳에서 근무하는 친구들이 부러워하는 복지가 될 거라고 했다. 이런 기숙사가 어디 있냐고.

선순환의 시작,
그들의 기숙사

우리는 그날 밤 오래도록 토론을 거듭했다.

외국인 노동자들이 한국에 들어와서 일하고, 밥 먹고, 잠을 잔다. 그들에게 기숙사는 어떤 공간이어야 할까? 우선 공장의 부속 건물로 가장 후미진 곳에 지어져야 할까? 그것을 그들은 모를까? 그곳에서 잠자고 일하면, 능률이 올라갈까? 무엇보다 그들에게 중요한 것은 휴식이다. 또한 주말에도 대부분 기숙사에서 생활한다면, 기숙사 건물은 개개인의 휴식을 넘어 서로 간의 커뮤니케이션 역할도 담당해야 한다. 소음이 적고 단열이 좋은 쾌적한 공간을 위해서는 공장의 철골조가 아닌 철근콘크리트조가 유리할 것이다. 아울러 식당도 인접해 있다면 쉬는 날 차를 마시거나 두런두런 이야기를 나누는 모임의 장소가 될 것이다. 그러려면 기숙사의 위치부터 다시 고민해야 했다.

"소장님! 우리 회의가 자꾸 삼천포로 빠지는 거 아닌가요?"

"기숙사는 이미 패널로 만들기로 결정되었고, 차라리 구조팀에 철골 사이즈부터 확인받는 게 낫지 않겠어요?"

"물론 설계하는 입장에서 모르는 척 지나갈 내용은 아니죠. 하지만 괜한 일로 일정에 차질이 있으면, 그 책임은 또 어쩌시려고요. 이런 일이 처음도 아니지만요."

발주처의 실무진도 이제 거의 같은 생각을 할 때쯤 누군가 상황을 냉정하게 지적했다. 이런 변경을 윗선에 보고하고 결정받기 위해서는 결국 갑의 요청 없이 을의 시간과 노력이 필요하다. 취미 생활도 아닌데 추가 비용은 또 어쩔 것인가. 만약 다른 제안의 설계안으로 결정되지 않을 때, 그 시간과 노력은 누가 책임진단 말인가. 무엇보다 이미 사업 일정이 빡빡하게 세워져 있는데, 이런 변경으로 그 일정을 다시 맞춰 나갈 수 있겠는가. 괜한 일을 불필요하게 벌이고 있는지도 모른다. 이미 기숙사의 위치는 결정된 일이고, 지금 이 순간의 회의도 그 결정에 대한 구체적인 모양새를 가꿔 나가는 시간이 되고 있어야 한다. '갑'의 입장에서는 당연한 이야기다. 그런데 이런 당연한 과정을 무시하고 끙끙거리며 힘을 빼고 있다니. '을'이 말이다.

하지만 그날 사실은 모두 알고 있었다. 이 논의가 발주처와 사용자 모두를 위한 일임을.

우선 이 상황을 좀 더 냉정하게 파악해 보기로 했다. 이미 발주처 팀장은 표정을 그대로 드러낸 채 한숨만 쉬고 있다. 다만 한편으로는 이 모든 사태가 회사를 위해 좋은 방향으로 결론지어진다면, 그 성과는 팀장의 몫일 수 있다고 은근히 옆구리를 찌르는 중이었다.

우선 발주처의 입장은 명확하다. 공장을 증축한다는 것은 기존 공장이 공급을 감당하지 못할 만큼 회사의 규모가 커졌다는 말이다. 새로운 공장을 증축하면서 한 단계 업그레이드하는 회사의 모습이 반드시 필요하며, 또한 향후 가장 효율적인 공장의 관리와 새로운 공장으로 인한 시너지 효과를 기대할 수 있어야 한다. 하지만 투자 대비 수익을 극대화하려면 비용 절감이 우선이다. 중간에 기숙사를 인근 아파트에 구하려다가 공장 부지 안에 신축하기로 결정한 것도 그 때문이다. 공사비를 포함한 모든 비용 절감이 의사 결정의 주요 항목인 셈이다.

외국인 노동자의 입장은 무엇인가. 두말할 필요도 없다. 휴식이다. 물론 그 휴식이 주간의 업무 효율과 공장의 이익으로 직결되겠지만, 양쪽 모두 거기까지 생각을 확장하지는 못하고 있다. 노동자들은 인근 아파트에서 출퇴근하는 것보다는 좀 더 쉬는 시간이 많아진다는 점에 귀를 쫑긋했고, 발주처 역시 노동자의 효율적인 관리가 우선이었다. 그리고 공장 관리자들의 입장도 있을 것이다. 대부분의 공장이 관리의 효율과 업무의 용이함을 위해 사무동을 공장 내부에 배치하는 예가 많다. 하지만 가능하다면 모두 독립된 사무 공간을 원하고 있다. 또한 쾌적한 식당 공간은 너무 당연한 요구다.

마지막으로, 건축가의 입장은 무엇인가. 발주처의 모든 요구 조건을 충족함과 동시에 그 땅에서 가장 적합한 답을 찾아내야 한다. 그 답이 발주처와 엇갈린다면, 올바른 방향으로 설득하는 과정이 따라야 한다. 게다가 취미 생활이 아닌 다음에야 이 모든 노력에 상응하는 대가의 지급도 약속받아야 한다.

모든 회의에 발주처의 팀장이 참석한 건 그나마 다행이었다. 한번 해보기로 작정하는 데까지 피곤한 토론이 이어졌고, 모두가 지칠 때쯤 팀장의 호기 어린 결론이 있었으니.

물론 이런 경우 밤 깊은 술자리의 도움은 거의 절대적이다.

"좋습니다. 한번 해보시죠. 제가 책임질 순 없지만, 기숙사에 대한 새로운 방안이 나오면 회장님은 제가 설득해 보겠습니다."

"그리고 만약에 허튼 일을 한 결과가 되더라도 보상은 제가 책임지겠습니다. 저 회사에서 그 정도는 됩니다."

"아니, 결국은 회사에 도움이 되는 일인데 안 할 이유가 없는 거 아닌가요?"

공장장이 스케치한 대로 두 개 동의 규모와 기능을 도면에 옮기고 아울러 각종 부대시설을 적당한 위치에 배치하면 될 일이었다. 부대시설을 '설계'한다기보다는 어떤 위치에 '배치'한다는 표현이 차라리 어울리겠다. 하지만 나를 포함해 회의에 참석한 이들은 모두 눈에 뻔히 보이는, 피곤하고 힘든 과정을 선택하게 되었다.

건축가 혼자만의 제안과 고민으로 될 일은 아니었다. 생각해 보면 모든 사람은 좋은 공간, 가치 있는 공간에 대한 어떤 막연한 생각을 갖고 있는 것이다. 다만, 그 생각이 확연하게 눈앞에 보이지 않았을 뿐이다. 공간에 대한 사람들의 기대는 나를 움직이게 하는 힘이다. '건축가가 할 수 있는' 어떤 제안이 궁극에 실현 가능한 일이 될 수 있도록 하는 힘도 여기서 기인한다.

해야할 일과
할 수 있는 일

관심 없는 발주처를
설득하는 일부터

처음 기숙사 신축 이야기를 들었을 때, 순간적으로 바로 그 자리가 떠올랐다. 몇 번 현장을 방문하면서 아무도 눈길을 주지도, 줄 필요도 없던 바로 그 자리였다. 토론이 거듭될수록 나의 대답은 점점 더 선명해졌다.

공장을 신축함에 따라 그 밖의 부대시설 역시 각각의 용도와 기능을 기반으로 자리를 잡아야 한다. 한두 명이 항상 상주해야 하는 경비실이 주 출입구에 있어야 한다. 패널로 만들어진 3평(약 10제곱미터)가량의 단층 건물이며, 때에 따라서는 컨테이너가 그 기능을 대체하기도 한다. 단층 규모의 사무실도 필요하다. 사무직원이 여섯 명 정도 있고,

단층 독립 건물로 짓거나 주 공장동의 중층에 설치되어 공장의 관리를 겸하기도 한다. 하지만 이렇게 하면 관리 측면에서는 가장 효율적이지만 환기, 방음 등의 근무 환경이 좋을 리 없다. 식당도 필요하다. 공장의 식당은 전문 외주 업체에 관리를 맡기거나, 공장에서 자체적으로 직원을 뽑아 운영하기도 한다. 그리고 30여 명을 수용하는 기숙사 건물이 있다.

공장과 부대시설의 기능을 열거해 보니 이상한 공통점이 있다. 모두 독립된 단층 건물이라는 점이다. 당연하다. 주 건물인 공장의 위치를 결정하고 추후 증축을 고려해 토지의 일부를 남겨 두면 곳곳에 여분의 땅이 남기 마련이다. 그 땅들을 활용하자니 부대시설의 기능은 각자의 입장에 따라 마치 스스로 앉을 곳을 찾아 들어간 것 같다. 이번 프로젝트에 관계된 모두(발주처, 공장 관리자, 외국인 노동자, 건축가 등)의 입장과 기대를 충족할 수 있는 제안이어야 했다.

"아, 이거네요! 이거면 회장님께 보고드리고 바로 진행할 수 있겠어요!"

"생각지도 못했어요. 이 자리에 이렇게 짓는다고 하면 안 된다고 할 리가 없겠어요."

"그리고 소장님! 이렇게 하더라도 전체 사업 일정이 늦어지진 않겠죠?"

발주처 팀장은 한숨 돌린 것 같다고 어깨를 들썩이며 떠들었다. 하기야 일을 저질러 보자며 기운차게 결정했으나 내심 마음고생이 많았을 것이다. 리스크가 있는 게임 중이다. 이미 설계팀 쪽으로 마음이 기울

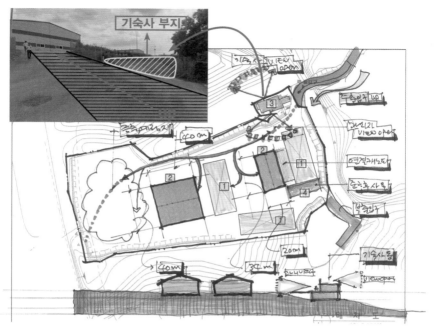

최종 배치안

어진 팀장은 모든 사안을 긍정적으로 보고 싶어 했다.

이미 눈치챘을 것이다. 우리는 모든 부대시설을 2층 규모의 건물 하나로 만들자는 제안을 하기에 이르렀다. 이 경우 신축을 위해 공장 부지의 일부를 할애한다면 보나 마나 몇 날 며칠 고민을 할 것이다. 이번 공장동의 증축 이후에 두 번째 증축을 위한 부지를 확보해 두기도 쉽지 않았으니, 부대시설을 위한 부지가 남아 있다면 공장 규모를 키워 증축하자는 소리가 나올 판이었다.

관리실, 사무실, 식당, 기숙사 등 부대시설을 하나의 건물에 통합해서 짓는다면 규모가 꽤 커질 것이다. 부대시설 각각의 건물을 짓는다면 공장 부지의 자투리땅을 활용할 수 있겠지만, 이 제안은 증축 부지이건 어디건 제대로 된 신축 부지를 마련해야 한다. 토지가 아깝다는 생각에 이르면 그 결론도 장담하지 못할 것이다.

공장 부지는 주 출입구에서 오르막길 위에 위치해 있다. 약 3~4미터의 레벨 차이를 두고 있으며, 오르막이 시작되는 초입에 공장용 부지로는 도저히 사용할 수 없는 버려진 땅이 있었다. 공장 부지보다 그만큼 아래에 있으니 공장을 증축하는 부지로도 쓸모없고, 또한 부대시설을 그곳에 둔다는 것도 비효율적이다. 한 개 층 정도를 오르내리는 곳이니 말이다. 처음 현장을 방문했을 때, 이곳은 방문객의 주차장쯤으로 사용하면 좋겠다던 발주처 팀장의 설명이 떠올랐다.

왼쪽의 그림에서 3번으로 표기된 곳이다. 왼쪽 위 사진은 공장 부지의 주 출입구에서 바라본 전경이다. 오르막길의 오른편으로 움푹 꺼진 땅이 보인다.

공장 부지와 같은 평면에 위치한 토지였다면 경비실 등으로 활용하자는 의견이 있었겠지만, 공장 부지와는 별개로 푹 꺼진 곳이었기에 모든 논의의 대상에서 제외된 곳이었다.

공장 부지에서 3~4미터 아래 있는 곳에 건물 1층을 두고, 이곳에 경비실과 식당을 계획했다. 공장 부지에서 그대로 진입할 수 있는 2층에 사무실을, 별도의 동선으로 기숙사 공간을 배치했다.

1번으로 표기된 기존 공장 건물과 2번으로 표기된 증축 공장 인근에 4번으로 표기된 곳은 준공 이후 공장의 다양한 요구에 따라 어떤

시설들이 자리할 것이다. 처음에는 기숙사가 자리할 곳이었다.

발주처를 설득하는 데에는 두 가지가 큰 몫을 했다.

우선, 공장용 부지로 사용하지 못하는 버려진 땅을 활용한다는 점이다. 사실 제안하면서 놀란 점은, 이 땅 150여 평(약 500제곱미터)의 크기와 모양이었다. 용케도 모든 부대시설을 하나의 건물로 만들었을 때 건물이 들어서기에 안성맞춤인 땅 크기였던 것이다. 이 점은 예상하지 못했다.

전체 공장 부지에 비해 얼마 되지 않는 크기였지만, 쓰지 못하는 땅으로 인해 공장 부지의 평균 가격이 그만큼 상승한 셈이었고, 지금은 그 땅을 활용하니 그만큼 평균 가격이 낮춰진 셈이었다.

둘째는 번듯한 회사의 얼굴이 생겼다는 점이다. 공장으로 다가설수록 방문객들은 공장의 초입에 서 있는 2층 규모의 건물을 가장 먼저 보게 될 터이고, 그 건물은 나름의 모습과 태도로 방문객을 환영할 것이다. 게다가 이 모든 제안이 공사비 상승 요인 없이 진행될 수 있다.

새로운 제안의 일은 일사천리로 진행되었다.

오른쪽의 첫 번째 스케치는 주 출입구의 오르막이 시작되는 곳, 그곳과 건물 1층의 관계를 보여주는 그림이다. 오르막의 초입에 경비실이 위치하고, 그곳에서 외부 계단을 통해 2층으로 곧장 진입할 수 있는 동선을 계획했다. 2층에 오르면 건물은 두 개의 덩어리로 결합되어 있다. 한쪽은 사무실 공간, 다른 한쪽은 기숙사 공간이다. 사무실과 기숙사는 공장 부지에서도 직접 진입할 수 있지만, 1층과 후면에서도 별도의 동선으로 진입할 수 있도록 계획했다.

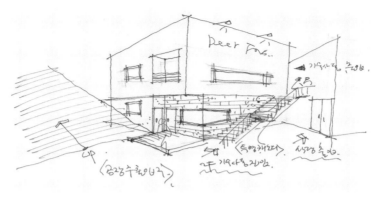

주 출입구에서 바라본 매스

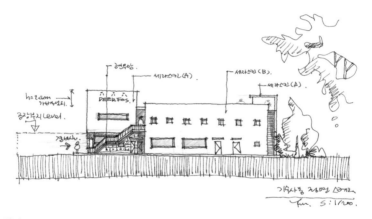

정면도

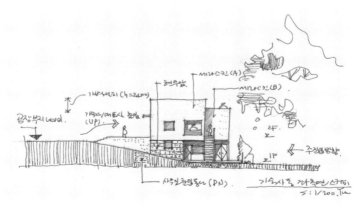

좌측면도

식당도 1층에 배치해서 외주 업체에 맡기건 직접 운영하건, 공장의 기능과 관계없이 별도로 운영할 수 있도록 부식 차량 등의 동선을 계획했다.

두 번째 스케치는 공장으로 진입하면서 보이는 가로 방향의 모습이다. 오른쪽의 2분의 1가량은 전면의 나무들 때문에 보이지 않는다. 왼쪽 부분의 모습을 통해 사람들은 가로 방향의 긴 건물을 상상할 수 있을 것이다. 외부 계단을 올라 왼쪽이 사무실 공간, 오른쪽이 기숙사 공간이다.

세 번째 스케치는 오르막길을 따라 공장 부지로 올라가면서 본 건물의 측면이다. 공장 부지의 레벨과 주 출입구 부분의 레벨, 기숙사 건물의 외부 조건들이 어떻게 관계 맺고 있는지를 알 수 있다.

앞의 첫 번째 스케치와 같은 시점에서 본 기숙사 건물이다. 주 출입구의 오르막이 시작되는 곳이며, 공장 부지 위로 기존 공장 건물이 보인다. (건물 왼쪽 1층 부분이 경비실이고 전면 2층 부분이 사무실이며, 경비실 2층으로 옥상 테라스가 보인다. 오른쪽 후면으로 1층 식당과 2층 기숙사가 계획되었다.)

건축가만이
'할 수 있는 일'

이제 진천 ○○ 공장 기숙사 프로젝트의 맨 마지막 부분을 이야기해야 겠다.

1층, 2층의 콘크리트 골조 공사가 거의 끝날 때쯤 현장을 방문한 날이었다. 2층 기숙사 복도를 따라 서포트(콘크리트 슬래브 구조물을 공사 기간 동안 받쳐주는 가설 기둥) 사이로 방들이 배치되었고, 도면대로 공간들이 착착 모양새를 갖춰 가고 있었다. 사실, 개인적으로 내·외장의 마감 공사를 하기 전 바로 지금의 골조 공사가 끝난 공간이 가장 사랑스럽다. 맨얼굴 같기도 하고, 미사여구 없이 가장 진솔한 글의 초안 같기도 하다.

그날 운전하는 두 시간 동안 이곳 외국인 노동자들을 위한 어떤 장치가 있으면 좋겠다고 생각했다. 옥상. 그곳을 활용하면 노동자들이 쉴수 있는 공간, 모두가 모여서 고향 얘기를 나눌 수 있는 공간, 숙소가 아닌 새로운 공간을 만들어 줄 수 있겠다고 생각했다. 높이 1.2미터의 옥상 난간 일부를 연장해서 높여 보았다. 그곳에서는 공장도 보이지 않고 맑고 맑은 진천의 하늘만 보이겠다. 그곳에서는 일주일 내내 들렸던 공장의 소음도 없을 테고, 두런두런 삼겹살 파티를 해도 좋겠다. 누군가 고향 얘기에 취해 편지 한 장 쓰기도 하겠다.

다음 날 이런 얘기를 들은 발주처의 팀장은 단번에 "노!"를 외쳤다. 공장 내 기숙사의 첫 번째 덕목은 무엇보다 관리였다. 쓸데없는 공간을 마련해 주는 일은 번잡한 관리 업무가 늘어나는 일이며, 그러다가 그곳에서 사고라도 나는 날이면 그것을 또 어찌 감당하겠는가. 수도 설비도 연장해서 올려야 하고, 전기 설비도 마찬가지다. 콘크리트 난간을 연장하는 일을 포함해 어쨌든 공사비 상승 요인이다. 공사비를 더 들여서 위험 요소가 있는 공간을 만들자는 얘기다. 절대 수용할 수 없는 제안이라고 했다.

하지만 이미 기계·전기, 구조 사무실에 설계 변경까지 타진한 후였다. (이미 공사가 진행 중인 건물의 설계를 변경하는 일은 건축 도면만 바꿔서 현장에 전달한다고 끝나지 않는다. 그와 관계된 구조 검토는 물론 기계·전기와 관련된 도면도 변경되어야 한다.) 아니나 다를까. 깊은 밤의 술자리는 또 한 번 발주처 팀장을 설득해 주었다. 그리고 놀랍게도 회장을 설득하는 묘수가 그에게서 나왔다.

"그러니까 난간벽을 저렇게 끌어올리면 그곳에 회사 이름을 제대로 붙일 수 있다는 거잖아요. 어디에 입간판을 세울까 고민했는데 말이죠."

"꼭 회장님을 속이겠다는 건 아니고요. 조금 돌려서 보고드리겠다는 거죠."

"그렇게 생긴 옥상 공간이 있는데, 기왕이면 노동자들한테도 좋은 공간이 될 거라고요."

회사의 얼굴이 된 2층 기숙사 건물과는 별도로 회사의 입간판이 몇 개 필요했다. 연장해서 끌어올린 1.8미터 난간의 높이는 회사의 가장 근사한 간판을 붙이는 벽면 역할을 했다. 주 출입구로 올라오면서 가장 먼저 보이는 곳이었고, 간판을 붙이기 위해서는 최적의 장소가 되었다. 그 간판의 벽면 뒤로 노동자들의 하늘 공간이 생길 것이다.

아래의 사진에서 ①번으로 표기한 부분이 옥상 난간을 연장한 부분이다. 이곳 전면에 회사 간판이 걸리고, 그 뒤로 옥상 하늘 공간이 생긴다. ②번의 계단을 따라 올라가면 왼쪽으로 사무 공간이 있고, 그와 분리된 동선으로 오른쪽 ④번에 기숙사 공간이 있다. ③번은 식당으로 들어가는 출입구다. 식당 오른쪽에는 옥상으로 오르는 외부 계단이 있고, 부식을 위한 별도의 차량 동선이 있다. 공장장이 가장 좋아한 곳은 ⑤번 테라스 부분이다. 사무 공간에서 나와 이곳에 서면 공장 전체가 한눈에 들어온다.

공장이 준공된 뒤 몇 번 더 현장을 방문했다. 공장은 용도의 특성상 준공된 이후에도 물건을 쌓아 둔다거나 필요에 따른 간이 시설들이 생겨나게 된다. 법적으로 어느 정도까지 문제가 없는지 혹은 어떤 절차

막바지 공사 중인 기숙사동

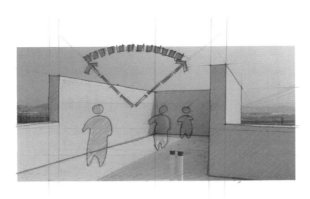

옥상 하늘 공간

를 밟아야 하는지 등 건축가의 조언이 필요한 일이 있기 마련이다.

　오랜만의 방문길이고 또 궁금하기도 했지만, 옥상이 어떻게 활용되고 있는지 굳이 묻지 않았다. 건축가가 의도한 모든 공간이 (그 공간에 감성이 묻어 있다면 더더욱) 의도대로 활용되지는 않는다. 그것은 또 다른 문제다. 작가의 손을 떠난 책 한 권이 독자의 수만큼 다양하게 읽히고 해석되는 것과 같다. 잘 만들어진 영화 한 편이라고 해서 관람객 모두에게 감동을 주지 못하는 것처럼 말이다. 난간벽을 끌어올린 옥상 공간에서는 두어 달에 한 번 고기를 구우며 와자지껄할 것이고, 담배 피우기 좋은 난간벽이 될 것이고, 어쩌면 다리 부러진 의자나 집기가 쌓여 있는지도 모를 일이다. 아예 옥상으로 나가는 문에는 자물쇠가 걸려 있는지도 모른다.

발견, 건축을 대하는
건축가의 태도

프로젝트를 완성해 가는 과정 중에 건축가에게는 해야 할 일과 할 수 있는 일이 있다. 하나의 땅에서 하나의 해답을 찾고, 그 해답을 향해 몰두해 가는 그 모든 과정은 건축가가 반드시 해야 하는 일이다. 모든 관계자의 시선을 한곳으로 모으는 일까지 말이다. 그런데 그렇게 오래, 아주 오래 바라보면 그 해답의 과정에 건축가가 할 수 있는 일이 있음을 발견한다. 발견한다는 표현이 꼭 맞는다.

그 발견이 많아지면 건물은 더 풍요로워진다. 집기를 쌓아 둔 창고 역할이어도 좋다. 키 큰 가구여도 밖에서 보이지 않으니 좋을 테고, 그러다 문득 깨끗이 청소된 옥상 한가운데 서면, 그날은 용케도 비 온 뒤 맑고 높은 가을 하늘이겠다. 동남아시아 어디쯤이 고향인 누군가의 하늘이겠다. 건물이 풍요로워진다는 것은 그만큼 많은 이야기가 생겨나고 담긴다는 것이다.

처음부터 '건축가가 할 수 있는 일'이 무엇인가 생각하지는 못한다. 특히 공장 프로젝트처럼 목적이 분명하고 요구하는 기능이 가장 우선시되는 경우는 더더욱 그러하다. 설계부터 준공까지 허튼 눈치를 살필 기회는 없다. 그만큼 빠듯한 일정과 비용이 업무 전체를 관할하기 때문이다.

또한 '건축가가 할 수 있는 일'이라고 해서 그 결과가 항상 필요하고 옳은 일인지는 단언할 수 없다. 이번 일 역시 그 결과가 공장의 수익에,

공장의 사후 관리에 꼭 필요했는지 질문한다면 한 번 멈칫할 수밖에 없을 것이다. 생각하면 공장의 부대시설을 한곳에 모아 자투리땅에 배치하는 일이, 콘크리트 옹벽 1미터를 끌어올리는 일이 뭐 그리 대단한 일이겠는가.

하지만 이번 프로젝트의 결과가 '건축을 대하는 건축가의 태도'에 대한 하나의 해답이라고 나는 믿는다. 밤을 새워 논의했던 그 시간이 그렇고, 건축가뿐 아니라 이번 일을 대하는 발주처의 팀장, 그의 애정도 그랬다. 새로운 공간을 만들고 그 안에서 일어나는 즐거운 경험을 상상하는 것, 내가 언제나 쓸데없는 수고를 자처하는 이유다.

물론 생산이 주목적인 공장의 설계는 적절한 시스템을 통해 이익을 극대화하는 것이 우선이다. 하지만 이익을 만들어 내는 사람들, 그들을 위한 공간이 있어야 한다. 그들의 삶을 풍요롭게 하는 공간은 살아 있는 공간이다. 그렇게 살아 있는 공간이 다시 수익으로 연결된다는 점을 다시 강조할 필요는 없겠다. 건물을 살아 있게 만드는 건축가의 이런 쓸데없는 수고가 '쓸데있는' 수고라고 믿는 이유다.

모든 설계는
하나로 통한다

연수원이 된 호텔 이야기

오래된 건물
호텔 만들기

**"호텔과 모텔은
어떻게 다른 거야?"**

호기심 많은 초등학생 딸아이의 질문이었다. 여관이나 여인숙이라는 간판이 거의 사라진 것처럼, 지금은 모텔이라는 간판도 찾기 어렵다. 규모가 크건 작건 숙박시설은 대부분 ○○ 호텔이라는 이름을 달고 영업하고 있다. 불과 얼마 전까지만 해도 휴가지에 가면 자연스럽게 모텔이라는 이름을 만나볼 수 있었는데 말이다.

　건축법에서는 시행령의 별표를 통해 모든 건축물의 용도를 세분해서 정리해 두고 있다. 그 분류표는 건축 행위의 모든 법규 적용에서 우선적인 근거가 된다. 단독주택, 공동주택, 근린시설, 의료시설 등등 29가지로 건축물의 용도를 분류하고 있고, 숙박시설은 그중 15번째 분류

15. 숙박시설

용도	건축물의 종류
숙박시설	가. 일반숙박시설 및 생활숙박시설
	나. 관광숙박시설(관광호텔, 수상관광호텔, 한국전통호텔, 호스텔, 소형 호텔, 의료관광호텔, 휴양 콘도미니엄)
	다. 다중생활시설(제2종 근린생활시설에 해당하지 아니하는 것을 말한다)
	라. 그 밖에 '가'목부터 '다'목까지의 시설과 비슷한 것

에 속한다.

사실 이것만 가지고는 모텔, 펜션 등 우리가 접하는 숙박시설을 모두 알아채기는 쉽지 않아 보인다. 문화체육관광부에서 관할하는 관광진흥법의 분류 내용은 우선 접어 두기로 하자. 간단하게 호텔이라는 분류는 숙박이라는 목적과 함께 음식, 운동, 오락, 연수 등의 활동을 할 수 있는 시설을 갖추고 있다고 보면 조금은 간단해진다.

모텔Motel이란 말은 Motor와 Hotel의 합성어로, 말 그대로 자동차 여행자가 자동차와 함께 이용할 수 있는 숙박시설이다. 1900년대 초 미국에서 시작되었는데, 우리나라에는 70~80년대 지방의 농림지를 중심으로 무분별하게 설치되어 한때 환경 파괴의 주범이 되기도 했다.

호텔 객실에
훤히 보이는 통창이라니

수년 전, 가는 해와 오는 해를 기념하는 카운트다운을 현장에서 보기 위해 강남 한복판 삼성역 사거리를 방문한 적이 있다. 인산인해의 인파 사이에서 발을 옮기기도 어려웠다. 여길 뭐 하러 나왔는지. 하지만 딸아이는 이렇게 들뜬 광경은 태어나 처음이라며 신난 표정을 지었다.

10, 9, 8, 7, 6······ 카운트다운이 울리는 순간 올려다본 곳은 다름 아닌 호텔이었다. 24층 규모의 파크 하얏트 서울 호텔이었는데 객실 전체가 통창이었다. 가운만 걸친 숙박객들이 발 아래 인파를 구경하고 있는 듯했다. 누가 누구를 구경하는지는 중요하지 않았다. 최소한 호텔에서 내려다보는 사람들의 여유는 단번에 알아볼 수 있었다. 강남 한복판의 호텔에, 그것도 가장 비싼 값을 치르고 그곳에 머무는 사람들은 그런 자부심이 있는 것일까.

일반적으로 모텔은 어딘가를 가기 위해 잠시 머무는 곳이다. 하루 중 잠깐 사용하는 대실이 용도인 모텔도 마찬가지다. 그곳이 목적지는 아니다. 하지만 호텔은 다르다(건축법이나 관광진흥법의 용도 분류와는 다른 암묵적인 문화의 해석이 있다). 우리가 여행을 생각할 때 관광 코스와 함께 가장 먼저 떠오르는 곳이 호텔이다.

호텔은 하나의 문화로 인식되고 있다. 문화라는 의미가 워낙 방대하고 다양하지만, 호텔이라는 한정된 단어에서 정리해 보자. 호텔이라는 공간을 경험하고, 누군가 그 경험으로 인해 그곳을 자신만의 장소로 기억하는 과정, 그것이 호텔의 문화다.

파크 하얏트 서울 호텔의 로비는 건물의 최상층인 24층에 있다. 호텔을 예약하고 처음 방문하는 호텔의 로비가 1층이 아니라 가장 전망이 좋은 곳이다. 객실에 들어가기 전에 이미 방문객은 공간 하나로 최고의 서비스를 받는 것이다. 서울이 내려다보이는 최고의 공간을 경험하면서 그곳은 그만의 장소로 기억된다.

물론 이렇게 최고 수준의 인테리어와 비용을 통해서만 호텔의 특별한 공간을 경험하는 것은 절대 아니다. 동작구의 신대방동에 있는 어느 호텔은 위치로 보나 크지 않은 규모로 보나 특별할 것 없어 보이는 평범한 호텔이다. 그다지 세련되지 않은 동네의 초입이고, 게다가 주변 시설도 별것 없어 보인다. 하지만 이곳은 이미 마니아들 사이에서 꽤나 명성을 얻고 있다. 그곳만의 독특한 분위기와 또 진심이 담긴 호텔의 자부심 덕분이다.

숙박 공간을 경험하며 그곳은 개인의 욕망을 채워 주는 자랑질의 공간이 되기도 하며, 때로 자신만을 위해 특별히 디자인된 것만 같은 휴식의 공간이 되기도 한다. 공간의 경험 두 가지 모두 그곳을 사용하는 숙박객들에게는 하나의 문화로 다가온다. 그렇게 사람들은 호텔을 하나의 문화로 인식한다. 호텔, 그 공간에 있는 자기 자신을 숨길 리가 없고, 차라리 자기가 경험하고 있는 이 문화의 공간을 자랑스러워하고 있다고 하는 편이 더 맞는 말이다. 호텔의 창문이 통창에 가깝게 큰 이유다.

그에 비해 모텔은 규모와 관계없이 사용자들에게 하나의 문화를 보여주지는 못한다. 물론 젊은이들(특히 대학생들) 사이에서는 방해받지 않는 대여섯 시간을 빌려 자기만의 공간으로 이용하는 일도 많다. 하지만 이때 하나의 문화가 만들어진다거나 문화의 공간을 제공하고 있다기보다는 젊은이들의 필요에 따라 제공되는 가성비 좋은 공간일 뿐이다. 그 공간에서 방해받지 않는 혼자만의 시간이 필요하니 창문의 크기가 클 이유가 없으며, 가능하면 사용자들의 동선이 겹치지 않는 구조가 가장 중요해 보인다. 오픈된 커뮤니티 공간이 필요 없다.

물론 경치가 좋은 서울 근교에 있는, 모텔과 호텔의 중간쯤인 경우도 있다. 규모는 모텔 정도이지만 창문의 크기나 그 밖의 기능은 호텔에 뒤지지 않아 보인다. 하지만 이때에도 남한강과 같은 자연 풍광을 위한 하나의 부속 건물 역할을 할 뿐 그 자체로 어떤 문화를 만들지는 못한다.

오래된 건물
개보수하여 호텔 만들기

30년은 족히 된 건물이었다. 건축주의 안내로 망원동의 왕복 4차선 이면도로에 있는 건물에 도착했다. 이미 임차인들은 모두 이사를 간 상태였다. 사람의 흔적이 없는 건물에 들어서면 때로 을씨년스럽기도 하고, 때로는 이상한 여유와 평온함이 느껴지기도 한다. 아마 건물을 관리하는 사람의 애정이 묻어나느냐의 차이일 것이다. 말끔한 상태의 건물이었고, 오래되었으나 화장실 설비도 양호하고 깨끗했다.

엘리베이터가 없는 지하 1층, 지상 5층 건물이다. 정중앙에 계단실이 있고, 가로 세로가 각각 35미터에 10미터가량. 잠깐 머릿속으로 계산해 봐도 호텔로 구성하기에 나쁘지 않은 규모였다. 게다가 기둥 간격도 외벽을 따라 정간격을 유지하고, 평면의 가운데는 기둥이 없는 구조였으니 말이다.

설계를 의뢰받으며 들은 건축주의 이야기는 흥미로웠다.

"10여 년 전 돌아가신 아버지가 물려주신 건물과 토지 덕분에 먹고사는 문제는 없어요."

"보시다시피 제가 사업을 크게 한다고 이걸 말아먹을 인물도 못 되고요. 그런데 얼마 전 파주에 있는 맹지였던 땅에 도로가 뚫리면서 보상을 좀 받게 되었어요. 아마 하나님이 뭘 하라고 그러신 거 같아요."

이 얘기를 어떻게 들어야 할지 잠시 혼란스러웠다. 갑자기 생긴 돈은 뭐고, 또 하나님의 일이라니.

"파주 땅에는 10년쯤 후에 선교사분들을 위한 건물을 하나 지으려고 해요. 잠자고, 쉬고, 공부하는 그런 건물이요."

"이번에 지으려고 하는 호텔에서 돈도 벌어서 10년 후의 그 건물 공사비, 운영비로 쓰면 어떨까 합니다. 그렇지만 이 호텔도 시내에 있는 그런 이상한 모텔은 아니었으면 좋겠고요."

정리하자면 이번 호텔 공사는 하나님의 사업을 위한 디딤돌 역할이며, 또 평생 살아갈 직업이 되는 것이다.

오른쪽 그림의 아래쪽 평면도에서 엘리베이터를 삭제하고 계단실을 수직으로 세워서 화장실을 배치하면 기존의 30년 된 건물이다. 계단실

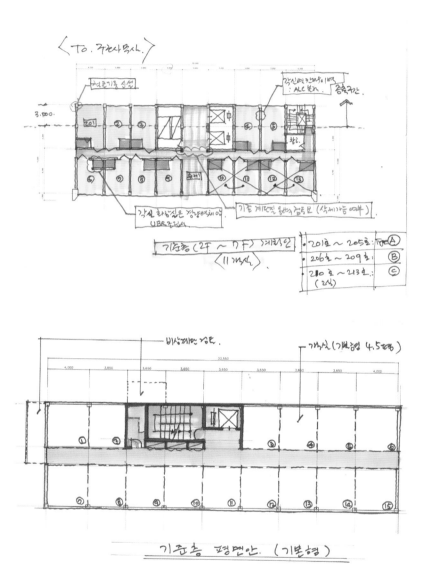

〈TO. 거천사 목사.〉

기준층 (2F ~ 7F) 계획안

〈11 개실〉

- 201호 ~ 205호 : 타입 Ⓐ
- 206호 ~ 209호 : Ⓑ
- 210호 ~ 213호 : Ⓒ
  (2실)

기준층 평면안. (기본형)

기존 건물 평면도 및 개보수 증축 평면도

을 중심으로 좌우가 근린생활시설로 사용되었다. 증축과 대수선(주요 구조물인 주 계단 기둥 등을 해체하고 수선하는 일), 용도 변경이 복합적으로 수행되는 일이다.

가장 먼저 확인해야 할 일이 구조다. 당연히 구조보강이 따라올 일이지만, 보강의 방법과 범위에 따라서 차라리 철거하고 신축하는 편이 더 나을 수도 있다. 하지만 건축주는 구조변경과 신축에 드는 비용이 같다면, 건물을 그대로 사용했으면 좋겠다고 했다. 그만큼 물려주신 건물에 대한 애정이 컸다.

건물의 맨 꼭대기 옥탑 층에 관리실 겸 사무실이 있었는데, 사무실의 풍경에 적지 않게 놀랐다. 30년 전 처음 건물이 신축되던 때의 사무실 그대로라고 해도 믿을 만했다. 어른 키 높이의 세워 두는 괘종시계는 물론이고 천장의 갈색 몰딩과 철제 책상, 무엇보다 종이 서류는 왜 버리지 않고 그대로인지. 다이얼을 돌리는 검은색 전화기가 울려도 이상할 것 같지 않았다.

한 개 층에 15개 정도의 객실을 배치해서 한동안 고민했다. 하지만 물리적으로 객실 하나에 화장실을 배치하고 나면 객실의 규모가 신림동의 고시텔보다 겨우 큰 정도였다. 이래서는 건축주가 생각하는 호텔은 언감생심이다. 일본인과 중국인 관광객들에게 숙박을 제공할 계획이니 객실의 규모도 최소 2인실부터 가족실 정도까지 있어야 했고, 아침 식사를 해결할 식당도 필요했다.

239쪽 그림의 위쪽 평면도에서 가로 방향으로 그어진 빨간 선 위로 약 3미터를 수평 증축하는 안을 제안했다. 기존 건물 기둥 간격에 맞취 철골 기둥을 신설하고, 바닥 면적이 늘어나니 피난 법규에 맞게 비상계단을 신설했다. 위의 평면도는 화장실이 갖춰진 2인실로, 일반적인 호텔의 객실을 상상하면 딱 그 정도 규모다. 각 층마다 객실 두 개를 합치면 가족실로 쓸 수 있고, 가로세로 3.6미터×6미터를 기본 모듈로 다양한 객실을 계획할 수 있다.

물론 구조기술사는 연일 걱정이 많았다. 구조보강 방법도 만만치 않고, 그 비용도 걱정이라고. 구조보강의 경우 기둥은 철판을 덧붙여 보강하고, 천장과 슬래브는 탄소 보강이라는 방법을 사용한다. 이렇게 해서 마무리된다면 다행이지만, 이 모든 힘을 받는 곳은 기초다. 결국 맨 하부 지하층의 바닥에서 땅속을 보강해야 하니 그 공법이 만만치 않은 일이다. 게다가 건축법과 마찬가지로 구조 관련 법규도 30년 전에 비하면 엄청나게 강화되었고, 증축을 포함해 용도 변경 등의 모든 변경 사항은 현행법에 맞춰야 한다.

망원동은 지역 특성상 주거지 밀집 지역이면서도 강변로와 한강을 곁에 두고 있다. 초기 입면 스터디는 주거지역의 특성에서 힌트를 얻어 계획되지 않은 망원동 도심지의 이미지를 살려 디자인했고, 다른 안은 한강 변으로 확장해 가는 시선과 상상력이 모티브가 되었다. 두 가지 안 모두 가능하면 주거지에서 너무 튀지 않는 디자인이어야 했고, 또 호텔이라는 특별한 느낌도 동시에 가져야 했다.

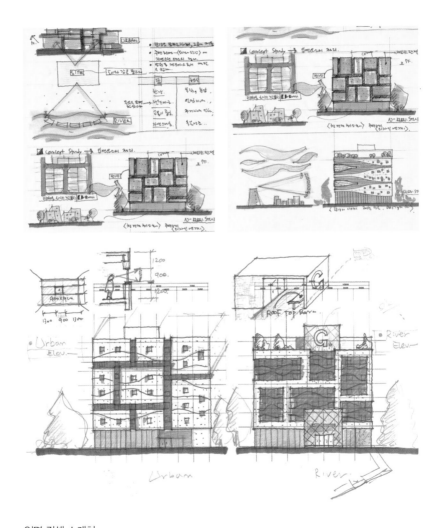

입면 컨셉 스케치

모든 스케치 안을
폐기하다

하지만 이렇게 계획안이 진행될수록 건축주나 건축가나 모두에게 흡족하지는 않았다. 호텔이 하나의 문화로 선명하게 자리 잡기 위해 절대적으로 필요한 건 커뮤니티 공간이다. 기존 건물을 개보수한다는 전제조건 속에서는 그 한계가 분명했다. 기존 건물 뒤로 꽤 넓은 여유분의 땅이 있어서 부족한 커뮤니티 공간을 확보하고자 했지만, 기존 건물과의 연계가 쉽지 않았다. 별동으로 증축한 공간은 빽빽한 지상 주차장 때문에 시선이 갑갑했고, 무엇보다 억지로 끼워 맞춘 느낌이 역력했다.

처음부터 다시 생각했다. 기존 건물을 개보수해서 호텔 객실로 용도 변경하는 일은 어느 정도 가능했다. 하지만 호텔의 기능을 위한 부대 시설을 확보하려면 규모가 크건 작건 새로운 건물을 신축해야 하는데, 아무래도 처음부터 계획된 완전한 호텔의 컨셉에는 미치지 못했다.

같은 비용이면 기존 건물을 살리자고 했으나 결정적으로 그 비용이 효율적이지 못했다. 하지만 그보다는 호텔에 대한 서로의 생각이 같았다. 규모가 크지는 않아도 시내의 그렇고 그런 호텔은 아니어야 했다. 이곳에 오는 사람들이 관광객이건 일반 사람들이건 그리고 선교사들이건, 모두에게 새로운 공간을 제공해 주고 싶었다. 하지만 호텔의 객실은 발코니를 만들지 않는 이상 내부 공간의 기능은 이미 정해져 있다. 기존 건물이 지닌 역사가 못내 아깝긴 해도 새로운 공간, 새로운 호텔을 만들기에는 숨차 보였다. 그 새로운 공간은 객실이 아니라 밖에 있기 때문이다. 커뮤니티 공간이 그렇고, 정원이 그렇고, 한강이 보이는 옥상이 그렇다.

결국 한 달 내내 고민한 계획안은 폐기되었다.

경계가 없는
커뮤니티 공간

새롭게 그려지는
호텔의 조건

기존 계획안이 폐기되었을 때, 머리를 맞대고 고생한 그 시간보다 더 아쉬웠던 점이 있다. 땅 위에 살아 있는 모든 건물은 시간과 스토리가 그 속에 쌓여 있고, 건물의 평가 항목과 별개로 단단하게 서 있기 나름이다. 오래된 건물을 현재의 시점에서 보자면 사용자를 위한 동선 구성이 비효율적일 수도 있고, 구조 안전도 충분하지 않을 수 있다. 하지만 그 모든 항목이 그 건물이 지닌 역사를 오롯이 평가할 수는 없는 일이다. 그 나름의 서사를 없애고 새로운 건물을 계획할 수밖에 없다는 점이 못내 아쉬웠다.

　다음의 사진은 철거하기 전의 모습이다. 오랜 시간 비워진 채 무표정

철거 전 기존 건물과 옥탑 사무실

한 모습으로 가로변에 서 있었지만, 저 건물 안에는 그동안 저 공간을 사용하고 갔을 사람들의 이야기가 여전히 있다. 맨 위의 옥탑에 마련되어 마지막까지 건물을 지킨, 괘종시계가 있던 사무실도 그렇다.

새로운 계획안에 관한 건축주의 요구 사항은 처음에는 평범했다. 우선 사업비에 맞는 객실 수와 동아시아(주로 중국 등) 관광객을 위한 조금 특별한 객실 내부 구성 등이 가장 먼저 논의되었고, 지역 주민들도 사용할 수 있는 1층 커피숍도 필요했다. 여기까지는 여느 호텔의 조건과 크게 다르지 않았다. 그렇게 기본 스케치안이 나오고 새로운 도면 위에 건축주와 건축가의 호텔에 관한 생각이 하나씩 그려졌다.

가장 일반적인 호텔의 기준층 평면도를 살펴보면, 복도의 폭과 객실의 크기 등 모두 군더더기 없이 꽉 짜인 느낌을 받는다. 중규모 호텔을 실제로 사용해 보면, 효율성을 고려해서 숙박객의 동선과 관리자의 동선이 가능하면 겹치지 않도록 배려했음을 알 수 있다. 이러한 배치 계획 중 가장 중요한 부분이 바로 중복도 평면이다.

하지만 자연환경이 좋은 바닷가나 조망권이 확보된 임야의 경우라면, 다소 비효율적이긴 해도 편복도의 배치를 택하는 것이 좋다. 복도 하나를 통해 양쪽으로 객실이 배치되어 있는 것보다 공사비가 더 들고 전용면적 대비 공용면적의 비율이 높아 한정된 용적률을 활용하는 데 불리한 점이 있지만, 그만큼 효과도 있기 때문이다. 가장 좋은 조망을 위해 한쪽으로 객실을 배치하고 그 특별한 효과를 기대해야 한다.

하지만 이번 호텔이 들어설 자리는 도심지 한복판이다. 물론 한강을 바라보고 있긴 하지만, 15미터 도로 건너편으로 재건축 아파트가 들어설 예정이고 그 너머로 한강이다. 심리적인 조망권은 확보할 수 있지만, 실제로 한강을 조망하기에는 제약이 많다.

아래의 사진 자료는 사업지의 두 가지 대지의 축을 나타낸다. 동서

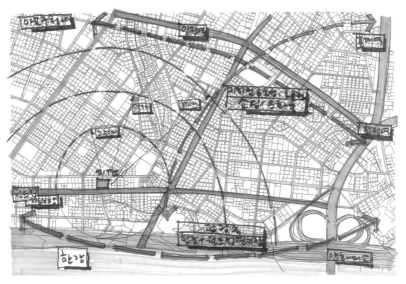

주변 및 가로축 현황도

를 잇는 가로 방향의 도로축이 하나이고, 한강과 월드컵경기장을 중심으로 하는 관광축이 또 하나의 축이다. 도로축은 지형에 따른 차량과 보행자 동선의 축이고, 다른 하나의 관광축은 사업지가 포함된 망원동 일대를 형성하는 도심지의 쇼핑과 문화의 축이다.

도심 한복판,
주어진 대지 안에서 승부가 필요하다

사업지를 포함해서 이 일대는 제2종 일반주거지역이다. 전국의 제2종 일반주거지역과 달리 서울은 일부 지역의 제2종 일반주거지역을 7층 이하로 규제하고 있다. 다양한 주거 형태를 유도하고자 하는 법률이며, 저층 주거단지의 수요도 반드시 있다는 판단에서 기인했다. 하지만 얼마 전부터 이러한 저층 주거단지의 층수도 완화하고 있으며, 가능한 한 민간의 주거단지 개발에 힘을 실어 주는 쪽으로 법률을 개정하고 있다.

오른쪽 그림의 동쪽, 서쪽뿐 아니라 북쪽까지도 주거단지다. 주거의 형태 중에서도 4층 이하의 다세대 밀집 지역이다. 15미터 도로를 중심으로 길가에는 근린시설의 건물들이 일렬로 배치되어 있지만, 5층에서 7층 정도로 그다지 높은 가로변은 아니다.

그렇다고 해도 근린상가 너머로 한강을 조망하기는 어려워 보인다. 진행 중인 재건축 아파트의 자료를 찾아보니, 평균 15층 규모다. 결국 대지에서 한강 조망은 아파트 단지 사이사이로만 겨우 가능해 보인다.

휴양지의 객실 예약을 할 때면 리버뷰 타입 혹은 시티뷰 타입 같은

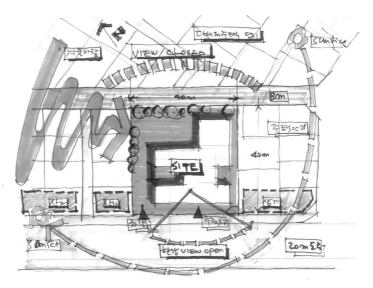

현장 환경 분석

객실 별칭을 보곤 한다. 말 그대로 어느 한쪽 객실은 강을 바라볼 수 없고 갑갑한 도심지를 바라보고 있다는 말이다. 중복도의 평면 형태이니 당연하다.

위 그림에서처럼 이번 사업지는 조망권 등의 외부 환경에 승부를 걸수는 없다. 다시 말해, 이번 호텔 프로젝트는 외부 환경을 끌어들이거나 적극적으로 외부 조건을 활용해서는 해답에 접근하기 어려워 보인다. 주어진 대지 안에서 모든 요구 조건을 해결해야 한다.

우선 초기 안의 기준층 평면도를 보자. 잘 짜맞춰진 객실 도면이다. 2인실을 기본으로 구성하고, 약 10% 이상 20% 미만으로 기본실을 변

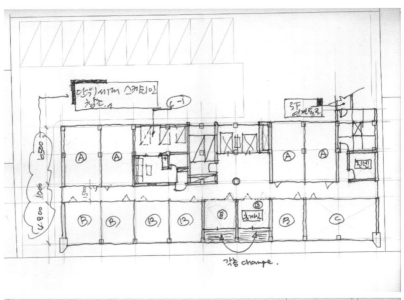

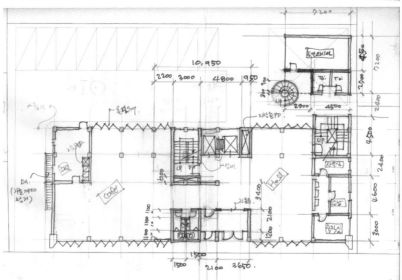

초기 안 – 기준층 및 1층 평면 안

형한 다양한 객실을 구성하기로 했다. 가족실 및 2층 침대로 구성된 다인실을 계획했다. 모두의 예상대로 호텔의 2층에는 커뮤니티 시설을 배치하고, 1층의 일부를 할애해서 외부인들도 사용할 수 있는 카페를 배치했다. 직원들을 위한 편의시설(탈의실, 휴게실, 직원 식당 등)은 지하로 배치하고, 충분하지는 않지만 드라이 에어리어dry area*를 통해 채광과 환기를 어느 정도 해결하기로 했다.

여기서 중요한 점이 한 가지 있다. 서울시의 부설 주차장 설치 기준에 따르면(지방자치단체마다 서로 다른 기준을 적용하기도 한다), 숙박시설은 시설면적 134제곱미터(약 40평)당 한 대의 주차 공간을 확보해야 한다. 하지만 관광산업 활성화를 목적으로 제정한 관광호텔 특별법에 따르면, 한시적으로 300제곱미터(약 90평)당 한 대의 주차 공간을 확보하도록 규정을 완화했다. 물론 이 법을 적용받기 위해서는 관광호텔 인허가를 위한 입지 심의와 사업 계획 심의를 받아야 한다.

단순하지 않은 절차를 거쳐 심의를 받고 주차장 등 각종 규제를 완화받을 수 있었다. 주차 대수 등의 제한을 완화받았으니 지하주차장을 계획해서 주차장을 확보할 필요가 없어졌고, 대지의 후면을 이용해 자주식으로 주차장을 해결할 수 있었다. 하지만 결과적으로 이 완화 사항이 사업의 발목을 잡는 조건이 될 줄은 미처 알지 못했다.

• 지하실이 있는 건물을 건축할 때 외벽 주위를 파 내려가 옹벽을 세우고 천장을 뚫어 놓은 공간. 환기나 채광, 방수, 방습 등에 효과적이다.

경계가 없는
커뮤니티 공간

다시 초기 안으로 돌아가 보자. 크게 흠잡을 구석이 없는 계획안이다. 건축주의 요구 사항은 대부분 계획안에 들어가 있다. 도심 상업지에 있는 대부분의 호텔(모텔)의 운영 방식을 보면, 숙박객의 프라이버시를 위해 시설의 모든 계획안이 집중되어 있다. 1층의 공용 홀이 넓을 필요도 없고, 더군다나 시설의 일부를 커뮤니티 공간으로 할애할 이유는 더더욱 없어 보인다. 건축주는 이와 같은 운영 방식을 원하지 않았다. 중국이나 일본의 관광객들을 위한 다인실도 필요했고, 관광을 마치고 돌아온 오후에는 그들의 또 다른 휴식을 위해 좀 더 다양한 커뮤니티 공간도 필요하다고 했다. 아울러 꼭 숙박객이 아니어도 일부 시간에는 호텔 시설을 이용할 수 있는 디자인을 원했다. 1층과 2층의 공간에 그 요구 조건을 수용했다.

하지만 논의가 거듭되고 커뮤니티 공간의 활용에 대해 상상할수록 뭔가 아쉬움이 생겨났다. 중복도의 객실에서 2층의 커뮤니티 공간으로 내려오려면 공간을 사용하는 목적이 분명해야 하니 활용도가 떨어질 수밖에 없다. 또한 어렵게 마련한 커뮤니티 공간도 문을 열고 들어가야만 하는 닫힌 공간일 수밖에 없다. 그 공간이 극장이 되든 식당이 되든 세미나실이 되든, 사용 목적이 없으면 결국 죽은 공간이 될 수밖에는 없다.

열린 공간이 필요했다. 누구든 쉽게 접근하고 이용할 수 있는 공간이 필요했다. 무엇을 적극적으로 해도 좋고, 또 아무것도 하지 않아도 좋은 그런 공간이 필요했다.

중복도로 구성된 객실의 기준층 평면도를 편복도 형태로 변경했다. H 자 형태로 도로(한강 변 쪽)를 향하는 객실과 후면의 주택단지로 향하는 객실을 배치하고 두 평면을 연결하는 가운데에 계단실과 엘리베이터실을 배치했다. 이때 전면의 객실 창은 가능한 한 크게 디자인했고, 후면의 객실 창은 채광과 환기에 필요한 만큼을 확보하고 가능한 한 크기를 줄여 디자인했다. 한강 변으로 심리적 조망을 확보하고, 후면의 객실은 프라이버시를 확보하고자 한 디자인이다.

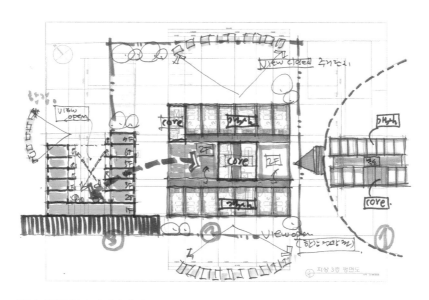

변경 제안한 평면 및 단면 개념도

H 자 형태로 디자인한 것은 2층 옥상을 활용하고자 해서다. 객실로 갈 때나 객실 문을 열고 나올 때 가장 먼저 시각적으로 만나는 공간이 될 것이다. 실제로 그곳은 호텔의 객실로 둘러싸여 있으니 외부 주거단지에 영향을 받지도, 영향을 끼치지도 않는 공간이 될 것이다. 넉넉하지는 않겠지만 가족 단위 숙박객들은 아이들과 함께할 것이고, 야외 테라스 역할도 가능하겠다.

배치안의 가장 핵심은 2층 옥상의 외부 공간과 함께 계단실과 엘리베이터실의 외벽이다. 창이 없는 콘크리트 회색 외벽이다. 이 벽은 그대로 호텔의 캔버스가 된다. 어느 날 저녁에는 찰리 채플린의 무성영화가 상영될 테고, 또 어느 날은 클로드 모네의 그림이 영상으로 비치며 빛의 향연을 선사할 것이다.

편복도의 난간에서는 숙박객들이 몸을 기댄 채 콘크리트 회색 벽에 비치는 영화를 감상할 테고, 성급한 숙박객은 객실의 의자를 갖고 나올지도 모르겠다.

물론 이 계획안은 상당한 리스크를 각오해야만 결정할 수 있다. 일반적으로 도심지의 호텔이 중복도 형태를 선택하는 이유는 공사비도 중요하지만 무엇보다 관리의 효율 때문이다. 수시로 객실을 청소하고 관리해야 하니, 당연히 종업원의 동선이 최소화되어야 한다. 또한 이와 같은 열린 공간은 관리해야 할 대상이 늘어나니 유지 비용도 상승하기 마련이다.

이는 대부분 커뮤니티 공간이 있는 저층부의 매스보다 객실이 있는 고층부의 매스 규모가 작고, 그렇게 생긴 저층부의 옥상을 조경 혹은

지붕으로 처리하는 이유이며, 가장 효율적으로 호텔을 운영하는 방법
이기도 하다.

사실, 이번 계획안으로 결정하는 데에는 건축주의 의지가 강하게 작
용했다. 건축주는 계획안이 진행되는 동안 호텔 운영을 배우는 학원을
수강했는데, 그곳에 계획안을 보여준 적이 있다고 했다. 계획안을 본
호텔 운영 전문가의 첫마디는 다음과 같았다고 한다. "호텔을 전혀 모
르는 건축가의 작품입니다. 이렇게 호텔을 짓게 되면 나중에 후회하실
겁니다. 지금이라도 전문가를 소개해 드릴 테니 처음부터 설계를 다시
하셔야 합니다." 그쯤 되었으면 건축주의 생각도 바뀔 만한데, 뚝심 있

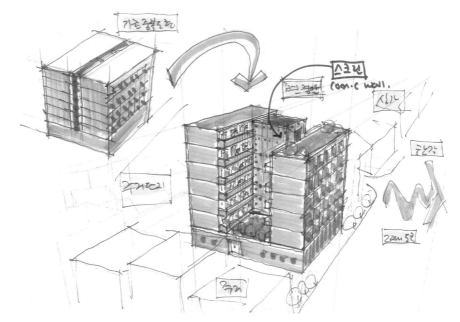

변경 제안한 매스 개념도

게 계획안을 결정했다.

그 후 각종 심의와 건축 인허가 절차 등 우여곡절이 많았지만, 나름대로 일사천리로 진행되었다. 건축주는 급한 마음에 인허가 등의 행정적인 절차와 그에 따른 허가 도서 작성, 구청과의 원활한 소통을 위해 자치구에 소속된 건축사를 섭외했다. 지방의 일을 할 때는, 특히 지방색이 강한 지역의 일을 할 때는 여전히 종종 있는 일이었지만, 거의 모든 일 처리를 세움터라는 건축 인허가 전산망을 통해서 하고 있는 요즘은 보기 드문 일이기도 하다.

어쨌든 이번 프로젝트도 그 인허가 과정을 거쳤고, 최종 설계안에서 크게 벗어나지 않은 것이 너무나 다행스러웠다. 설계를 시작한 지 3년 만에 준공을 맞이하게 되었다.

모든 설계는
하나로 통한다

**코로나가
가져온 반전**

첫 숙박객을 맞이하기로 한 일정은 2020년 봄이었다. 중국 우한에서 시작된 코로나 사태를 뉴스로 접하게 된 것이 2019년 11월, 그때까지만 해도 중국발 바이러스가 전 세계에, 아니 3년을 공들인 이번 프로젝트에 직격탄을 날리게 될 줄은 정말 상상하지 못했다.

그 겨울 건축주는 객실의 가구를 주문 제작해서 들여놓고, 1층의 커피숍은 직영으로 할지 외부 업체에 맡길지를 유쾌하게 고민했고, 틈만 나면 2층의 외부 공간에서 즐겁게 산책을 했다.

옥상은 또 어떤가. 255쪽의 매스 스케치에서 보듯 전면의 객실 매스보다 후면은 한 개 층이 더 높게 디자인되었다. 후면 객실 매스의 최상

투시도 스케치안

층은 가족실로 구성했다. 가족실에서 나오면 계단실이나 엘리베이터를 사용하지 않고 곧장 옥상으로 나오게 된다. 물론 전면의 아파트에 가려 한강을 조망하기가 쉽지는 않으나 도심지에서 이 정도 조망권은 감사할 따름이다.

이 모든 상상과 기대는 코로나 사태로 단 한 명의 숙박객도 받지 못한 채 기약 없이 무너졌다. 사용자 없는 시설은 급속도로 노후화하기 마련이다. 결국 숱한 고민 끝에 용도를 변경해서 도시형 생활주택이나 오피스텔로 매각하는 방안을 연구했다. 전철역에서 그다지 멀지 않거니와 전문가를 통해 시장조사를 해본 결과 용도 변경이 되면 주거시설로 큰 손해 없이 매각할 수 있다고 판단했다.

이 글의 중간쯤을 돌이켜 보자. 관광호텔 특별법을 적용받아 이 호텔은 주차장을 완화받았다. 현행 법규에 비해 적은 주차 대수로 허가를 받았으나, 호텔의 용도가 사라지면 완화받은 사항은 원상 복구해야 한다. 주거시설 등으로 용도 변경하려면 지금보다 1.5배가량의 주차 공간이 더 필요했다. 게다가 자치구 주차장법에 따라 주거용의 경우 기계식 주차장을 허용하지 않고 있으니, 없는 지하주차장을 새로 만드는 것 말고는 답이 없었다. 불가능했다. 방법이 한 가지 있기는 했다. 지상 1층 전체를 계단실만 두고 철거하는 방법이다. 필로티 주차장이면 얼추 해결할 수 있어 보였다. 하지만 1층의 그 모든 시설은 또 어떻게 한다는 말인가. 실제로 가능한 방법이 아니었다.

특별법을 통해 주차장을 완화받고 내심 흐뭇해한 것이 3년 전이다. 그런데 이제 그 완화 조항 때문에 사업은 더 이상 희망이 없어 보였다.

부동산업을 하는 사람은 웬만하면 다 알 정도로 이 호텔에 대한 소문이 파다했다. 공사비로 끌어 쓴 이자를 감당하지 못하고 곧 경매 물건이 될 거라고 했고, 싼값에 누군가가 건물을 가져갈 거라고도 했다.

이 혼란스러운 시간이 얼마나 지났을까. 코로나가 정점을 찍기 시작한 시점에 이르자 서서히 새로운 주인이 나타나기 시작했다. 그리고 우여곡절 끝에 결국 호텔은 대기업의 사원 연수원으로 매각되는 것으로 끝이 났다. 심지어 그간의 이자까지 손해 보는 일 없이 정리가 되었으니, 건축주는 천당과 지옥을 하루에도 여러 번 다녀왔다고 했다.

나중에 들은 이야기이지만 기업의 실무자가 현장을 확인하고 나서 처음부터 연수원으로 계획한 거 아니냐는 얘기를 했다고 한다. 기업

연수원으로서 갖춰야 할 공간의 기능이 있다. 교육과 홍보가 물론 최우선이지만, 그보다 더 중요한 공간의 역할이 있다. 연수생들이 자율적으로 든든한 유대 관계를 맺는 공간의 역할이 그것이다. 삼삼오오 모여 이야기 나누던 그 시간과 장소가 그들에게 오래 기억될 것이다. 기업의 실무자는 그 공간을 보았을 것이고, 아마도 그것은 2층에 마련된 외부 공간과 옥상이었을 것이다.

모든 설계는
하나로 통한다

어쩌면 모든 설계는 하나의 길로 통하고 있는 건 아닐까 생각했다.

　호텔을 위한 설계였다. 숙박객을 위해 모든 동선이 설계되었고, 그들을 위한 커뮤니티 공간은 가능한 한 열린 공간으로 설계했다. 2층의 외부 공간에서 산책하는 사람들은 모두 숙박객이었으며, 그들 덕분에 그 공간은 차곡차곡 이야기가 쌓여 간다고 생각했다. 옥상에서 바라보는 노을은 아이들과 아빠에게 아름다운 추억으로 새겨질 거라고 생각했다. 단 한 번도 호텔이라는 목적 외에 다른 용도를 염두에 두지 않았다.

　하지만 어느 날 호텔은 연수원이 되었다. 건축가가 상상했던 것과 비교하면 사용자도 달라졌고 경험도 달라졌겠지만, 그 공간이 해야 하는 역할은 어쩌면 같을지도 모른다. 새로운 주인을 만난 지금은 사회에 첫발을 딛는 신입사원의 들뜬 목소리가 가득할 테고, 2층의 옥상 테라스에서 맺은 우정은 오래도록 서로에게 든든한 힘이 될 것이다. 기업의 홍보 영상이 콘크리트 벽면에 비칠 테고, 어느 날은 우수 사원의 연수 자료가 보일 것이다. 연수의 마지막 밤에는 옥상에서 맥주 파티가 열릴지도 모른다.

이번 프로젝트에서 새롭게 경험한 것이 있다. 이번 호텔 프로젝트는 내게 공간이란 무엇인지를 다시 알려주었다. 진심이 담긴 공간은 사용자가 먼저 알아차린다. 모든 건물의 용도와 기능에 맞는 공간 구성은 당연한 일이다. 그보다 건물을 좀 더 가치 있게 만드는 순간이 있다. 사적인 영역에서 공적인 영역으로 나오는 그 순간이다. 모든 건물에는 혼자 사용하는 자기만의 공간이 있다. 주택이라면 방이 그렇고, 병원이라면 입원실, 호텔이라면 자기만의 객실이 그럴 것이다. 주택의 발코니와 병원의 테라스와 호텔의 옥상, 그곳으로 가면서 사람들은 생각한다. 곧 만나게 될 공간의 풍요로움을. 그곳에 담긴 진심이 건물을 가치 있게 만든다.

어쩌면 오랜 시간이 흘러 연수원은 또 다른 용도로 바뀌어 사람들과 함께할지도 모른다. 어떤 풍경이 만들어지든 2층의 테라스와 옥상은 여전히 사람들의 이야기와 함께 풍요로울 것이다.

빈 공간이
돈이 되나요?

○○ 병원 이야기

병원인가,
상가인가?

병원이란
공간의 목적

'환자복은 일부러 이렇게 만드는 걸까?' 늘 궁금했다. 예나 지금이나 한결같이 촌스러운 이 디자인은 뭘까. 후줄근한 느낌 덕분에 없던 병도 새로 생기지 않을까 싶었다.

살면서 두어 번 입원한 경험이 있는데, 둘 다 교통사고로 정형외과에서 치료를 받았다. 한번은 혈기 왕성한 이십 대 현장 건축기사 시절 일이었다. 한밤중에 과로로 졸음운전을 하다가 사고가 났는데, 담당 의사는 사고 나기 전에 깼으면 순간 뼈와 근육이 놀라 경직되었을 테고, 그랬으면 온몸에 성한 곳이 없었을 거라고 운이 좋았다고 했다. 꼬박 한 달 병원 신세를 졌다.

두 번째 사고는 폐차할 만큼 작지 않은 사고였지만, 천만다행히도 사고를 직접 수습하고 구급차를 타고 의사 상담까지 다 받았을 정도로 크게 다치지는 않았다. 에어백의 성능을 실감한 사고였다. 병문안을 제외하면 그 두 번의 입원 경험이 병원에 관한 기억의 전부다.

한 번쯤 입원해서 복도며 화장실을 왔다 갔다 해본 사람이라면 금방 알 수 있다. 병원이란 곳의 이동 동선이 얼마나 '미니멀하게' 정리 정돈되어 있는지를.

물론 입원해 본 사람들의 경험은 입원실이 배치된 층의 구조일 테고, 그것은 간호 공간을 중심으로 환자를 돌보는 일에 집중된 동선이다. 하지만 입원실 밖으로 나가게 되는 환자의 동선도 마찬가지다.

환자복도 병원의 이런 구조선상에서 이해하면 간단해진다. 환자를 처치하기 가장 손쉬운 디자인이다. 결국 병원 설계의 첫 번째 덕목은 두말할 것도 없이 환자를 돌보는 일을 위한 '효율'이다. 입원실이 주를 이루는 병원의 경우, 특히 정형외과 병원과 요양병원 등은 환자를 돌보는 데 시설의 모든 역량이 집중되어 있다. 당연한 일이다.

원무과와 입·퇴원 절차를 밟는 병원의 저층부는 그 번잡스러움에 놀라게 되는데, 마치 길을 잃어버린 쇼핑몰의 지하 1층 어디쯤이라고 해도 별반 다르지 않다. 또한 절차를 마치고 진료실로 들어가기 전까지는 지루한 기다림의 연속이다. 얼마를 기다려야 하는지 알 수 없으니 건물 밖 정원이라도 산책하겠다는 생각은 하지도 못한다. 그저 휴대폰만 만지작거릴 수밖에 없는 이유다. 그렇게 들어간 진료실은 그나마 평온하다. 이 평온의 느낌은 다름 아닌 의사 선생님의 뒤로 보이는 작은 창문 덕분이다.

입원실이 있는 병원의 고층부로 올라가 보자. 중복도 형식의 다인실 구조가 대부분이며, 특이한 것은 층의 중간쯤 병실 한 개를 비워 둔 채 생긴 휴게실이다. 그래도 이 정도의 휴게실을 확보한 병원이라면 그나마 다행이다. 이마저도 없는 병원이 대부분이다. 개인적으로 이런 휴게 공간에 들어가면 묘한 느낌이 든다. '복도 쪽으로 열려 있는 이 공간에 문만 달면 그대로 병실이 되겠구나.' 실제로 링거를 꽂고 앉아 있는 환자 옆에 서면 그대로 조금 색다른 병실에 있는 기분이다. 조금 전에 있던 병실의 기억에서 크게 벗어나지 못하는 공간의 스케일 때문이다. 실室의 평면 크기와 단면의 공간감, 특히 창문의 크기가 같아서다.

휴게실이라고 하는 실의 명칭이 필요했던 것이지, 실제로 휴게실이 어떤 공간이 되어야 하는지에 대한 고민이 없었던 건 아닐까 싶었다.

"어서 오세요. 병원이 좀 복잡하죠?"

"그래도 많이 좋아진 겁니다. 승강기도 하나 새로 설치했고, 주차타워도 새로 만들었어요. 1층 카페는 임대 준 건데, 아무래도 없애고 대기 공간으로 쓰려고요."

진료실에서 만난 병원장은 지금 병원이 얼마나 불편한지, 그리고 이런저런 공사를 통해 얼마나 쓸모 있게 바뀠는지를 설명했다. 얘기의 요점은 간단했다. 이번에 신축하는 병원은 사용하기 편리한 완벽한 기능을 갖춘 병원이어야 한다는 것이었다.

병원장을 만나러 가는 길 내내 생각했다. 병원의 기능을 갖추는 것은 당연한 일이고, 환자와 의사와 간호사 그리고 방문객 모두에게 특별한 병원은 어떤 병원일까? 하지만 병원장과의 첫 만남에서는 듣는 데에만 집중했다. 곧 서로는 좀 더 많은 꿈을 꾸게 되리라 믿었다.

이번에 의뢰받은 정형외과는 이미 지하 1층에서 지상 6층까지 규모에 입원실까지 갖춰 운영 중인 병원이다. 꽤 오랜 기간 인천의 지역 병원으로서 입지를 다져 왔고, 임대 기간이 끝나는 대로 신축 이전할 예정이다. 기존 병원은 근린생활시설의 건물 전체를 임대해서 사용하고 있다. 애초부터 병원 용도가 아닌 건물을 개보수한 연유로 곳곳에서 그 불편을 감수해 온 것으로 보였다. 의사들과 간호사들 모두 신축 병원에 기대가 클 수밖에 없다. 기존 병원을 방문해서 만나 본 병원 관계자들은 이미 머릿속에 신축 병원의 모습이 가득했다. 환자를 보기에 최적화된 진료실과 수술실, 최소 동선으로 간결하게 만들어진 입원실과 간호 공간 등 병원 관계자들은 모두 언제든 보고서 한 권 정도는 제출할 수 있어 보였다.

요구 조건을 하나둘 메모하면서 신축 부지를 방문했다. 현장은 폭 40미터 이상의 전면 차도와 후면의 8미터 도로에 인접해 있다. 대지 면적은 약 700평(2314제곱미터), 테니스장 10개 정도의 크기다. 후면으로는 초·중·고등학교가 몰려 있어 오후 4시 정도면 인근 도로가 학생들로 넘쳐난다. 전면 도로는 도로 중간에 녹지가 있을 만큼 넓은 자동차 위주의 도로다. 보행자의 통행은 거의 없어 보인다. 심리적으로나 물리적으로나 맞은편 주거단지와는 단절되어 있다. 그렇다면 전면 상가 계획에 참고해야 한다. 병원 이용자들 위주의 업종을 배치할 것인지, 아니

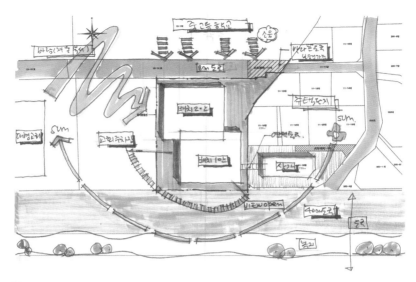

현장 환경 분석

면 공격적인 상가 배치로 새로운 상권을 만들 것인지도 고민해 볼 필요가 있다.

전면 도로를 레벨 '0미터'로 보면 후면 도로의 레벨은 한 개 층 차이 나는 레벨 '5미터' 정도다. 보행자나 차량 접근에 절대적인 요소다. 게다가 후면 8미터 도로는 막다른 도로다. 자동차는 통과할 수 없고, 계단을 통해 보행자는 지나갈 수 있는 도로다. 지하주차장을 생각할 때이 점은 매우 중요하다. 후면 도로를 차량의 주 출입구로 계획한다면 지하까지 내려가는 동선이 너무 깊고 길어 보인다. 그렇다고 전면 40미터 도로에서 차량 주 출입구를 계획하는 것은 차량의 흐름을 방해할 수 있어 무리수가 따른다.

이쯤 되니 병원의 기능은 당연하고, 그보다 한 걸음 더 나아가 꿈꾸는 병원 운운하던 말에 얼굴이 달아오를 판이었다. 이 모든 숙제를 푸는 것만으로도 벅차 보였다.

우선 꿈꾸는 병원은 잠시 접어두고, 병원의 기능에 최적화된 건물의 배치안에 집중하기로 했다. 차량과 보행자의 동선부터 깔끔하게 해결해야 했고, 그와 동시에 주 건축물을 대지의 어느 부분에 배치할지도 결정해야 했다.

배치,
병원 설계의 절반

결국 이번 병원 프로젝트는 지상 건물을 어느 곳에 세울지, 즉 전면에 건물을 배치하고 후면 광장을 활용할지, 정반대로 후면에 건물을 배치하고 전면 광장을 확보할지에서 출발해야 한다. 또 차량 출입구를 전면 도로에 만들어 차량 동선을 정리할지, 후면에 차량 진출입로를 만들지도 결정해야 한다. 그리고 방문객의 차량 동선 못지않게 응급 환자 이송 차량 등의 병원 차량 동선도 중요하다. 그뿐이겠는가. 1층 혹은 지하층을 카페나 상가로 임대해서 수익을 올릴 계획이라면, 이 모든 분석에 문제 하나를 더 풀어야 한다.

병원 내부의 동선 계획도 여기서부터 시작해야 한다. 지하 근린시설(전면에서 보면 지상 1층 부분)의 배치가 여기서 결정될 것이고, 병원의 저층부도 이와 밀접하게 관계 맺을 것이기 때문이다.

1안 전면 배치(후면 마당 활용)

1안은 272쪽의 그림처럼 전면 도로에 가깝게 배치했다. 인천이라는 도시에 적극적으로 어필하는 당당함이 있고, 후면의 학교 소음 등으로부터 어느 정도 거리를 확보할 수 있다는 장점이 있다. 그 대신 자동차 위주의 도로에 지나치게 가깝고, 도시의 가로 풍경에서 한 줌의 여유 공간도 없어 보인다는 단점이 있다.

보행자 동선은 전면 40미터 주도로에서 진입하도록 정리하고, 후면 8미터 도로는 병원 차량과 방문객 차량의 주 동선으로 정리하면 병원의 모든 스토리는 후면의 광장에서 시작하고 맺어질 것이다. 환자와 보호자들의 야외 휴게 공간도 일부 만들 수 있겠다. 하지만 후면 도로는 막다른 도로이고, 현장을 확인해 보니 도로 한편으로 불법 주차가 만연했다. 자칫하면 병원의 진출입 차량이 혼란스러운 지경에 빠질지도 모를 상황이었다. 그리고 전면 도로의 병원 정문을 지나 후면 도로 주차장 입구까지 가는 길도 300여 미터를 돌아가야 하니 간단한 동선이 아니었다.

병원 전면의 두 개 층을 상가로 활용하게 되면, 그곳은 지하 1층과 지상 1층 부분이 될 것이다. 보행자가 거의 없는 자동차 위주의 도로변에 상가가 얼마나 적절할지는 또 다른 논의가 필요해 보인다.

또 병원 건물 오른쪽의 근린시설 건물도 이번에 병원에서 같이 매입한 부지다. 향후 병원과 연계해서 활용할 계획이다. 1안의 두 번째 그림은 단독으로 대형 카페가 들어올 경우를 생각한 스케치다.

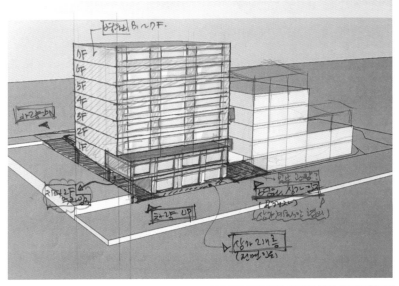

1안 전면 배치

2안 후면 배치(전면 광장)

274쪽의 그림에서 볼 수 있듯이, 2안은 전면에서 보이는 지하 1층에 상가를 배치하고 광장을 확보했다. 상가는 전면 도로에 면하게 하고, 전면 광장의 여유 공간을 통해 병원으로 진입하는 계획안이다. 차후 인근에 신축 중인 아파트의 입주가 끝나고 보행자들이 많아지면, 전면 광장의 표정이 건물을 더 가치 있게 만들 것이라고 생각했다. 하지만 이렇게 하면 후면 학교의 소음에서 자유롭지 못하다는 단점이 있다. 또한 오른쪽 상가 건물의 신축이 병원을 가릴 수 있다는 의견도 있다.

전면 광장의 여유가 누구를 위한 것인지도 의견이 분분했다. 병원 부지를 포함한 가로 전체를 보자면, 이 정도의 여유 공간은 전면의 자동차 위주 가로에 충분히 긍정적인 요소로 작용할 수 있다. 하지만 환자나 보호자 입장에서 보면, 전면 광장이 야외 휴게 공간으로 적절한지는 또 다른 문제다. 도로의 소음이 차단될 수 있을지, 광장은 좋지만 병원의 주 출입구로 보자면 계단이나 램프를 통해야 하니 그만큼 불편하지는 않을지 생각해야 했다.

하지만 전면 상가에 카페가 입점하고 상가 옥상과 병원의 전면 광장을 연계해 활용한다면 임대 수익과 광장 활용 두 가지 모두 긍정적인 요소가 될 수 있겠다. 또한 바로 옆 상가 건물로 병원이 가려지는 단점은 그대로 장점이 될 수 있다. 상가의 2층에서 병원의 광장으로 곧장 나와서 광장을 공동으로 사용할 수 있으니, 광장은 가로변의 표정을 활기차게 바꿀 만큼 긍정적인 요인이 될 것이다.

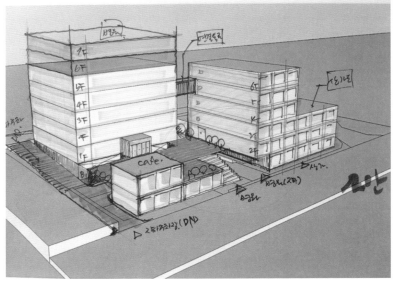

2안 후면 배치

1안과 2안의 장단점을 파악하기 위한 분석표

분석 항목	1안 (전면 배치)	2안 (후면 배치)
1. 도시 가로에 대한 접근성 및 상징성	○	
2. 도시 가로에 대한 건축물의 태도와 배려		○
3. 인접 학교 소음에 대한 상호 간의 적정 이격	○	
4. 전면 주도로의 소음과 입원실의 적정 이격		○
5. 병원과 연계 배치로 상가 임대 수익 기대	○	
6. 인접 대지 상가와 전면 광장 공동 사용으로 사업지 활성화		○
7. 병원 메인 홀로의 접근성 용이	○	
8. 응급 차량 등의 접근 용이		○
9. 차량과 보행자 동선의 분리	○	
10. 전면 광장 활용으로 지역 병원의 차별성 확보		○

위 분석표를 보고 있자니 한숨이 나왔다.

건축가로서 심정적으로 2안에 내심 마음이 갔지만, 1안의 장점도 무시하지 못할 내용이었다. 그렇다고 선뜻 1안이 실용적이라고 단정할 수도 없는 노릇이었다. 일련의 프로젝트를 분석하고 브리핑할 때는 항상 몇 가지 대안을 제시하지만, 답은 항상 정해져 있기 마련이다. 정해진 답을 위한 들러리가 대부분이다. 그만큼 설계안에 대한 확신이 있다는 뜻도 된다. 하지만 1안과 2안에 관해서는 팀원들의 생각도 반반으로 갈렸다. 이럴 때 브리핑은 '객관적'이라는 말이 미덕이다. 가능하면 건조한 목소리를 유지하고, 배치안의 장점과 단점을 수학적으로 분석해 브리핑해야 한다. 물론 분석표의 항목이 모두 같은 배점일 수는 없겠다. 때에 따라서는 하나의 항목이 나머지 전부를 합한 것보다 중요할 수도 있다. 잊지 말아야 할 것은 분석표의 비고란을 계량화된 수치로 메꾸는 일이다.

회의는 대부분 병원 업무가 끝난 저녁 7시 이후에 시작해서 새벽 1시쯤 끝났다. 배치안을 결정하는 회의만 하루 이틀도 아니고 한 달 넘게 걸렸다. 물론 밥과 술이 함께한 회의였고, 배치안뿐 아니라 병원 설계에 대한 다양한 의견이 두서없이 오간 시간이었다. 위에서 간단하게 나열한 장단점만으로 배치안을 결정할 수 있었다면 그렇게 오랜 시간이 필요하지는 않았을 것이다. 회의가 거듭될수록 새로운 의견이 나왔다. 그중 상가 분양이 중요한 사안으로 떠올랐다. 물론 은행 대출금으로 공사비를 충당하겠지만, 결국 병원의 부채다. 상가 분양이 잘만 되면 그 부채의 리스크를 그만큼 줄일 수 있다. 인접 대지의 활용 방안 중 대형 카페를 짓자는 제안도 그런 이유에서 나왔고, 실제로 이름 있는 커피 브랜드와 꽤 진지하게 이야기가 진행되었으나 결과는 좋지 않았다.

상가를 위한 병원, 병원을 위한 상가

배치안은 전혀 예상하지 못한 곳에서 결정되었다. 병원장이 알고 지내던 병원 전문 컨설팅팀이 설계 회의에 합류하면서였다. 일반적인 부동산 중개업자가 아니라 병원의 입점과 향후 관리 등 전반적인 업무를 담당하는 팀이었다. 어떤 부분은 건축가 못지않은 지식을 갖고 있었고, 유용한 정보도 얻을 수 있었다.

"건축에 대해서는 잘 모르지만, 부동산을 사고파는 관점에서만 말씀드리겠습니다."

"병원이 들어서는 이 자리는 주변 아파트 공사가 끝나면 아파트 밀집 지역의 한복판이 될 겁니다. 그때쯤이면 상가 수요가 폭발적으로 일어날 겁니다."

"어쩌면 병원 건물 전체를 통째로 매각할 수도 있지 않을까요?"

실제로 그런 상황이 올지는 모를 일이고, 그렇다고 해도 이런 예상치를 가지고 병원의 배치를 결정한다니 있을 수 없는 일이었다. 하지만 병원장으로서는 무시하지 못할 의견이었다. 10년 후쯤 토지대는 상승해 있을 것이고, 만약 상가 수요가 있어서 좋은 가격에 매각할 수 있다면 매각 대금으로 좀 더 새로운 병원으로 확장 이전할 수도 있는 일이다.

결국 전면 도로에 적극적으로 대응하는 1안의 건물 배치안으로 결정되었다. 나중에 상가 건물로 사용해도 전혀 문제가 없는 설계안이어야 했고, 무엇보다 병원 건물의 기능을 완벽하게 수행해야 했다. 갈수록 풀어야 할 숙제가 쌓여 갔다.

하지만 건축 설계를 해오면서 몸으로 체득한 사실이 하나 있다. 어떤 설계든 '정답은 없다'는 사실이다. 모든 땅은 저마다의 성격이 있고, 그 땅을 바라보는 건축가의 생각도 각양각색이다. 건축주는 말해 무엇하랴. 그 모든 관계가 부대끼고 어깨동무하면서 만들어 가는 해법이라니, 그곳에 합의점은 있을지언정 정답이 있을 리 없다. 처음 병원장을 만나러 가는 길에 상상했던 풍요로운 공간이 가득한 병원을 떠올렸다. 이제 상상했던 그 공간을 도면 위에 그려 나갈 차례다. 우여곡절 끝에 결정된 이 배치안은 꿈꾸는 병원을 위한 힌트도 되고, 제약 조건도 될 것이다. 본격적인 병원 설계는 그렇게 시작되었다.

누구를 위한
병원인가?

**건축주가
의사인 경우**

건축사가 되기 전 건축사사무소의 담당 과장으로 일할 때였다. 일산 신도시에 단독주택이 한창 지어질 무렵 주택 설계를 의뢰한 방송국의 꽤 유명한 아나운서와의 미팅이 지금도 생생하다. 예순 살이 다 된 건축주와 서른 살도 안 된 담당 실무자와의 미팅이었다. 물론 당시 근무하던 사무소의 대표 건축사가 굵직한 설계 컨셉에 대해 어느 정도 정리한 후이긴 했다. 하지만 집을 짓는 설계 과정이 그 후로도 얼마나 많은 협의와 결정이 필요한 일이겠는가.

"난 내가 방송국에서 하는 일에 자부심이 있어요. 누가 내가 하는 일에 대해 왈가왈부하는 거 싫더라고요. 대부분 나보다 덜 고민하고 하는 얘기가 대부분이죠. 난 방송국의 엔지니어를 포함해서 모든 전문가를 존중합니다."

"윤 과장님도 전문가시죠? 제가 원하는 집에 대해서는 충분히 알고 계실 거고요. 나머지는 알아서 진행해 주세요. 공사비도 이미 말씀드렸고요."

알아서 진행해 달라니. 실제로 집이 완공될 때까지 건축주는 모든 걸 믿고 맡겼다. 물론 대표 건축사와 건축주의 논의는 있었겠지만, 최소한 내게는 그랬다.

그때부터였을 것이다. 내가 선택한 건축 설계에 대해 상대에게 신뢰받기 위해 가장 먼저 해야 할 일이 있다는 걸 알았다. 그것은 상대를 바라보는 믿음의 시선이다. 한 가지 일을 오랫동안 해온 누군가의 내공, 그 깊이를 알 수는 없다. 상대를 믿게 되면, 그도 나의 일을 믿게 될 것이다.

건축주가 된다는 것. 그것은 이미 그 건축물에 관해 전문가가 되었다는 뜻이다. 건축가는 수도 없이 많은 프로젝트를 수행하지만, 대부분의 건축주는 하나 혹은 두어 개의 건물에 집중하고 있으니 너무나 당연한 이야기다. 물론 건축주의 많은 생각에 기술적 오류가 있을 때도 적지 않다. 하지만 때로 건축가보다 훨씬 더 전문가일 때가 있다. 건축주에 대한 믿음도 거기서 시작된다.

건축주가 의사인 경우다. 병원을 운영해 본 의사라면, 게다가 건물의 몇 개 층을, 혹은 건물 전체를 통째로 운영해 본 의사라면 어떠하겠는가. 그의 머릿속에는 병원의 모든 공간구성이 오차 없이 들어 있을 것이다.

실제로 설계 계약을 맺기 전에 A4 용지 두어 장에 빽빽하게 써 내려간 설계 지침을 먼저 받아 보았다. 입원실의 정확한 규모와 환자들을 돌보는 간호 공간에 관한 이해는 건축 계획 책의 한 부분을 보는 듯했다. 병실의 크기와 화장실의 기능, 침대가 회전하는 동선에 이르기까지. 게다가 일반 종합병원과 달리 정형외과 입원실의 특성까지 고려한 요구 사항이었다. 진료실은 또 어떤가. 원무과와 대기실, 탈의실의 적정 크기까지 명시되어 있다. 기존에 사용하던 근린생활시설의 건물에서 느꼈을 불편함과 비합리적인 부분까지 꼼꼼히 적어 놓았다.

설계는 지금부터 시작된다. 건축가보다 훨씬 많이 알고 있는 건축주의 요구사항을 충분히 반영하는 것부터 시작해서 그 공간의 적정함을 체크해야 한다. 가장 중요한 점은 이 모든 요구 사항이 전적으로 건축주인 의사의 시각에서 작성되었다는 점이다. 병원 건물의 사용 주체는 크게 의사, 간호사, 환자 그리고 보호자(방문객)로 구분되는데, 그 요구 사항은 각 사용자의 입장에서 다시 검토되어야 한다. 하물며 이번 계획안은 병원 이용자뿐 아니라 근린생활시설(분양 상가 등) 이용자까지 고려해야 하는 복잡한 프로젝트다.

병원 설계를 의뢰받았던 첫날부터 생각한 장면이 있다. 병원의 1층 혹은 2층의 어디쯤 번호표를 받아 들고 서성이는 자리에는 오픈된 위층에서부터 햇살이 한가득 내리쬔다. 링거를 꽂은 채 휠체어에 앉아 계신 어머님과 굳이 1층의 야외까지 갈 필요도 없다. 병실 옆문을 열면 초록의 테라스가 있다. 3교대 근무 중간의 식사 시간이다. 간호사는 식당에서 중정의 햇살과 잔디를 보며 잠시 휴식을 얻을 수 있겠다. 물론 진료실에 하루 종일 앉아 있는 의사의 자리는 어떤가. 모든 진료실의 창문 밖으로는 계절마다 바뀌는 나무가 보인다.

결정된 배치안을
다시 보며

이제 병원 측의 요구 조건을 설계에 반영하는 것에서부터 어떤 병원이 되어야 할 것인가에 관한 이야기를 하나씩 풀어가 보자. 병원 이야기의 시작은 결정된 배치안을 밤새 다시 들여다보는 일에서부터 시작되었다.

1안과 2안 두 가지 안을 놓고 끝까지 고민하던 순간이 떠올랐다. 전면에 광장을 둔 2안으로 배치안이 결정되었다면 병원 이야기는 좀 더 달라졌을 것이다. 전면 40미터 도로에서 건물이 물러나 앉아 있으니 매스의 변화를 적극적으로 생각하지는 못했을 것이고, 그럴 이유도 없었을 것이다. 전면 광장에 집중하면서 건물의 형태는 가능한 한 단순하게 풀어 나갔을 것이다. 형태의 변화는 화려한 화장을 통한 입면의 변화가 아니다. 진심이 담긴 건물의 형태에는 공간의 변화가 반영되어야 한다.

밤새 들여다본 1안의 배치안은 전면 도로에 거짓 없는 표정으로 서 있다. 어떤 이야기를 품고 있는 병원인지는 몰라도 가장 솔직하게 그 모습을 내보이고 싶어 했다. 그렇게 보였다. 햇살이 내리쬐는 공간이 있다면 그대로 매스에 드러내고, 계절마다 바뀌는 초록의 풍경이 있다면 환자뿐 아니라 병원 앞을 걸어가는 누군가에게도 보여주고 싶어 했다.

그런데 처음부터 생각한 병원의 모습은 공간의 변화였다. 다양한 공간으로 만들어진 병원이길 바랐다. 그런 공간이 가능하다면, 그것은 지금 결정된 배치안의 매스에 자연스럽게 나타날 것이다. 어느 것이 먼저인지는 중요하지 않다. 거짓 없는 표정으로 서 있는 건물의 표정이 먼저인지, 공간의 변화가 먼저인지. 후면에 광장을 둔 1안의 배치를 보며 그 고민은 더욱 깊어졌다.

1+1=1
체적에 더해진 빈 공간으로 해법을 찾다

병원이 신축될 땅은 제2종 일반주거지역이다. 인천시의 제2종 일반주거지역 용적률은 250%까지다. 지상에 지을 수 있는 건물의 전체 면적이 토지 면적의 2.5배까지로 정해져 있다는 뜻이다. 간단히 계산하면, 한 개 층의 면적을 토지 면적의 반(50%)으로 정한다면(50%×5=250%) 5층 건물을 지을 수 있다는 뜻이다.

다음의 그림을 참고해 보자. 지상 8층 규모의 병원을 생각한다면, 한 개 층의 면적을 토지 면적의 31% 정도로 계획하면 된다(31%×8=248%). 지상으로 기계식 주차타워를 계획한다면, 이 경우 연면적에서는 제외되고 건폐율을 계산하는 건축 면적에 포함되니 얼추 건물의 규모가 결정된다. 또한 전면 도로와 후면 도로의 레벨 차이를 이용하면 그림과

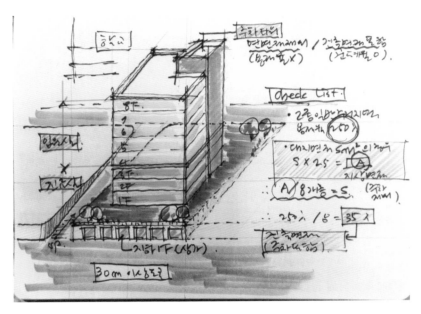

법규 분석을 통한 규모 검토

같이 전면 도로에서 곧장 사용할 수 있는 근린생활시설의 배치도 가능해진다.

하지만 이런 다이어그램은 1층부터 8층까지 같은 규모일 때에만 가능해진다. 병원의 요구 조건을 검토해 보면 이미 입원실의 각 층 규모와 진료실의 각 층 규모가 다르며, 맨 위층과 중간 수술실이 있는 층의 규모도 다를 수밖에 없다.

만약 병원 측의 요구 공간을 검토한 결과 각 층이 거의 같은 크기였다면 어땠을까? 그랬다면 차곡차곡 같은 크기의 블록을 포개 가며 조금은 수월하게 문제를 해결해 갈 수 있었을지도 모른다. 결국 용도에

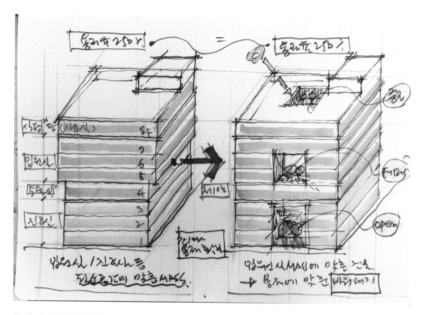

공간 재배치를 통한 용적률 확보 방안

따라 다를 수밖에 없는 병원의 각 층 규모는 해결해야 할 문제가 아니라 다양한 공간을 만들 수 있는 단서로 작용했다.

위 그림의 왼쪽이 병원의 요구 공간을 시각화해 본 결과다. 간호사가 계단실을 사용하지 않고 한 개 층에서 감당할 수 있는 가장 효율적인 입원실 규모를 결정하고 나머지 하부층의 진료실을 결정했다. 물론 이것은 용적률 260%를 한 치의 여유도 없이 확보한 경우다. (건축법은 정해진 법의 운용에서 인센티브 규정을 두고 있다. 용적률의 경우 전면 도로와 건물 규모에 따라 공개 공지를 유도하며, 이때는 용적률을 상향 적용하도록 한다. 이번 프로젝트에서도 공개 공지 확보를 통해 260%의 용적률을 확보했다.)

용적률을 모두 확보했다는 말에 이번 프로젝트의 해법이 있다. 앞서 얘기했듯이, 토지 면적의 반 정도를 한 개 층으로 계획했을 때 지상 5층 건물이면 법적 용적을 모두 확보할 수 있다. 하지만 이번 병원에서는 입원실, 진료실 등의 요구 공간에 따라 8층으로 계획하고 있다. 이 말은 그만큼 건폐율이 남는다는 뜻이다. 5층일 때 건폐율 50%라면, 8층으로 계획할 때는 건폐율 30%면 된다는 뜻이다.

앞 쪽의 오른쪽 그림을 보자. 건물의 매스를 키워서 중간중간 빈 공간을 만든다는 계획이다. 매스를 키우면 법적 용적률을 초과할 테고, 비워 내는 작업을 통해 법적 용적률을 확보한다는 계획이 그것이다. 빈 공간은 사람을 편안하게 한다. 사실 우리는 숱하게 그런 빈 공간을 체험하며 지내고 있다. 그 간단한 빈 공간이 건축주와 건축가, 그들이 서로 겪었을 설득과 협의의 시간 위에 만들어졌다는 생각에 이르면 새삼 존경스럽다.

처음 이 컨셉 스케치를 보여주었을 때, 건축주인 의사들은 박수를 치며 환영했다. 물론 조목조목 검증 단계를 요구했지만 말이다.

우선 관리 측면이다. 모든 빈 공간은 필요 이상의 또 다른 관리가 필요하다. 예상치 못한 안전사고를 생각하면 빈 공간은 당연히 없는 것이 낫다는 입장을 설득해야 한다. 사실, 이건 병원의 기능적인 부분보다는 인식의 차이이고 사용자 입장의 차이이니 진심을 담은 설명이라면 설득할 수 있는 부분이다. 또한 그와 유사한 공간을 실제로 경험해 보길 원했다.

그리고 공사비의 차이가 있다. 항상 느끼는 일이지만 새로운 제안은 주변의 도움이 절대적으로 필요하다. 시공사가 결정되기 전이니 아는 시공사를 통해 개략적인 내역 작업을 부탁해야 했다.

건축주의 우려를 하나하나 그의 입장에서 검증해 갔다. 충분히 검토해야 할 부분이고, 모든 컨셉이 도면화되어 가는 과정에서 반드시 필요한 일들이다.

빈 공간이
돈이 되는 순간

병원으로 스며드는
따사로운 햇살

노환으로 쇠약해지신 아흔 살의 아버지를 모시고 몇 번 용인에 있는 병원을 방문한 기억이 있다. 도시 한복판이 아니어서 번잡하지 않고 조용한 병원이었다. 수술이나 치료를 목적으로 하는 방문이 아니라 신경 약을 처방받는 정도의 정기 방문이었다. 하루의 방문이 아버지께는 산책의 날이었으리라. 그 병원은 도심지의 병원과는 달리 긴 복도를 따라 진료실이 있었고, 대부분의 환자와 보호자가 나란히 그 복도를 따라 걸었다. 허리 높이의 복도 벽이 있었고, 높지 않은 벽 위로 나무 창틀의 창문이 이어져 있었다. 방음이나 단열과는 거리가 먼 오래된 건물의 오래된 창문. 지금도 그 복도를 비추던 햇살이 기억난다. 그날 아버지의 얼굴이 햇살을 받고 환했는지는 모르겠지만, 최소한 처방받은 약보다는 효과가 좋았으리라. 햇살 가득한 병원, 나무와 풀이 손에 닿는 병원이라면 보호자든 환자든 모두에게 최고의 공간이 될 것이다. 물론 의사와 간호사들에게도.

신촌의 세브란스병원은 그 어떤 종합병원보다도 복잡하고 규모가 크다. 한번 방문해 본 사람이라면, 그 미로에 숨이 막히던 기억이 생생할 것이다. 병원의 어디에서 만나자고 약속을 하더라도 한 번에 약속 장소로 가기가 쉽지 않다. 그렇게 병원 이곳저곳을 헤매다 보면 만나는 숲의 공간이 있다. 새가 날아다녀도 이상할 것 같지 않은 규모의 실내 정원이다. 문득 그런 생각을 했다. 이런 공간을 만들기까지 얼마나 많은 의사 결정 과정이 있었을까? 수익과 직접 연결될 것 같지 않은 공간이지만 이 공간 하나로 건물의 가치가 상승했다. 그 설득의 과정이 보통 일은 아니었겠다. 건축가와 실내 디자이너와 시공자, 그리고 병원 건축주까지 모두가 한마음으로 만들어 낸 공간이리라.

하지만 이런 공간은 병원의 건축 계획에서 논의되지 않는다. 사용자의 동선과 실의 기능이 모든 공간을 규정한다.

종합병원과 백화점은 공통점이 있다. 정문 혹은 후문에서 또는 주차장에서 어디로든 들어가는 입구는 많은데 목적을 달성하고 나오는 출구는 찾기 어렵다는 점이다. 두 곳 모두 일상처럼 매일 찾아가는 곳이 아니기 때문이다. 서로 다른 용도의 공간(진료실이든 쇼핑 코너든)까지 가는 여러 길 중 하나를 선택해야 하고, 그 선택은 늘 처음이다. 진료건 쇼핑이건 명확한 목적을 가지고 건물을 방문한다는 점은 어디서든 접근할 수 있는 입구가 눈앞에 있다는 말이지만, 소정의 목적을 달성한 후 나오는 길은 어려울 수밖에 없다.

물론 사람의 생명을 다루는 일과 물건을 파는 일을 같은 선상에 두고 논할 수는 없다. 하지만 병원이든 백화점이든 수익을 내고 효율적인 운영을 해야 한다는 점에 이르면 건물의 구조는 좀 더 선명해진다.

병원과 백화점의 건물 구조는 진료실을 찾아가는 동선과 쇼핑 코너를 찾아가는 동선에 집중하고 있다.

빈 공간은 건물을 풍요롭게 한다

다시 정형외과 설계로 돌아가 보자. 정형외과 단독 건물은 종합병원 건물과는 특별하게 다른 점이 있다. 정형외과라는 목적이 분명하고 그밖의 다른 진료 과목이 없으니 그만큼 건물의 기능도 명확해진다.

병원으로서의 건물이 당연히 그 기능을 위해 구성되어야 한다는 것은 두말할 필요도 없다. 하지만 건물의 가치는 기능을 위한 구성만으로 빛나지 않는다.

앞서 이야기한 빈 공간을 만드는 일이 힌트가 될 것이다. 다음 그림은 건물의 매스를 키워서 확보한 내부의 빈 공간을 적용한 부분이다. 병원의 2층 대기 홀, 즉 진료실로 들어가기 전 기다리는 공간의 스케치다. 물론 진료실 바로 앞에 공간이 별도로 마련되어 있긴 하지만, 이곳에서 방문객들은 한 템포 쉬어 갈 것이다. 홀의 크기는 그림처럼 여름

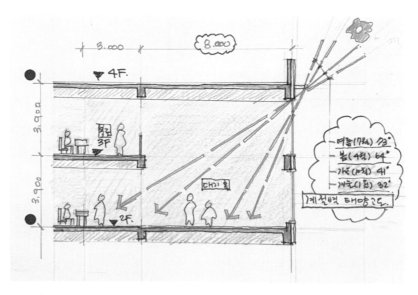

빈 공간(대기 홀)의 일조 분석

과 겨울의 태양고도, 그리고 단면의 크기를 통해 결정되고 제안된다.

　대기 홀의 맨 끝까지 들어오는 겨울 햇빛은 사무 공간이 있는 부분을 침범하기 직전까지 오는 것으로 계산했다. 아무리 좋은 공간이라고 해도 사무를 처리하는 데 조금이라도 불편을 주어서는 곤란하다. 눈부심과 웅성거림은 오픈된 대기 홀까지다.

　전통 한옥의 처마 선이 여름과 겨울의 햇살과 밀접하게 관계되어 있는 것과 같은 이유다. 지역에 따라 처마 선의 길이가 다른 것도 그 지역에 내리쬐는 햇살과 관계있다. 심지어 처마 선에 한 번 걸려 내리쬐는 햇살이 바닥의 화강석에 반사되기도 한다. 한옥의 안방에 앉아 바라보는 오후의 간접 햇살은 그렇게 치밀한 계산으로 정해졌다.

이렇게 비어 있는 홀 공간 중 오픈된 상부는 전체 면적에서 제외되는 곳이며, 어느 정도 여유 있는 건축 면적에 포함되는 공간이다. 다시 말해, 최대 용적률 속에서 비어 있는 공간을 확보할 수 있는 그림이다. 최대 용적률이란 말은 지상 연면적을 최대로 확보한다는 말과 같다. 바닥 면적에 포함되지 않는 비어 있는 공간을 확보해서 건물을 더 풍요롭게 만드는 방법을 찾아야 한다. 전용공간과 공용 공간 사이, 그 경계에 그 풍요로움을 배치해야 한다.

건축주는 결정을 내리기 위해 이와 유사한 실제 사례가 있는지 궁금해했다. 이런 공간은 우리 일상에서 쉽게 만날 수 있다. 다만, 그 공간이 있는 건물의 용도가 병원이 아니라는 점이 다를 뿐이다. 파주 헤이리 마을에 있는 미술관, 카페 등 몇 군데를 소개했다. 답사한 그 공간을 그대로 병원의 어느 곳에 적용한다는 결정이 쉬운 일은 아니었다. 너무 환해서 환자가 눈부시지는 않을지, 냉난방비는 어떨지, 아래위층이 트여 있어 시끄럽지는 않을지, 걱정스러운 부분이 한두 군데가 아니다.

건축 설계의 모든 공간 컨셉은 논리적이고 수학적인 상상을 통해 결정된다. 간혹 1:1의 공간 모형을 만들어서 스케치안을 확인해 보는 일도 있지만, 대부분의 설계안은 상상과 설득을 통해 결정된다. 받아들이는 건축주의 상상력이 건축가의 상상력에 못지않게 중요한 이유다.

다음 그림은 앞선 단면 스케치 중 3층 복도(홀) 공간에서 내려다본 스케치다. 건축 설계가 세상에 없는 새로운 공간을 제안하는 것은 아니다. 항상 보아 왔던, 경험했을 공간을 새롭게 배치하는 작업이다. 그 배치의 작업은 수학이고 인문학이며, 때로는 젊은 날의 여행지에서 만

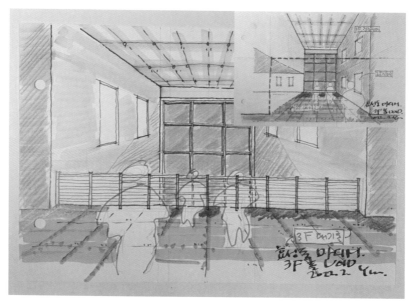

빈 공간(대기홀)의 스케치

났던 어떤 공간의 기억을 하나하나 끄집어내 옮기는 작업이다.

　그 후로도 건축주와 수도 없는 미팅이 이어졌다. 지금까지 만나 본 모든 건축주를 통틀어 가장 섬세하고 의심이 많은, 어쩌면 가장 모범적인 건축주였다. 설계를 하다 보면 가끔 건축가가 놓치고 지나가는 부분이 있다. 하루 종일 병원에서 일하는 의사의 생활을 완전히 이해할 수는 없는 일이니, 실수는 당연하다. 부족한 부분이 있기 마련이다. 예컨대 수술실로 들어가는 자동문과 그 앞에서 기다리는 보호자의 시선 처리 같은 것은 의사의 조언이 없다면 사실상 디자인이 불가능하다. 실제로 건축주는 도면에 대한 이해력도 뛰어났으며, 가끔은 우리

회의실을 그대로 옮겨 놓고 팀원과 회의하는 기분이 들 정도였다. 거듭되는 회의가 힘들지 않았다. 건물의 가치를 위해 어떤 공간이 필요한지에 대해 서로 충분히 논의하고 믿은 덕분이었다.

그렇게 시간이 지나고 조금씩 신뢰가 쌓여 갔다. 중간중간 간호사들과 미팅도 있었지만, 그들이 원하는 공간은 그리 특별하지 않았다. 조금만 신경 쓰면 아무도 모르게 한 움큼 전해질 수 있는 그런 공간이었다. 환자를 만나고 고개를 돌리면 바로 손을 씻는 세면대가 있고 간식을 먹는 모습이 보이지 않는 그런 공간, 어렵지 않은 공간이었다.

병원의 식당과 사무 공간은 건물의 맨 위층인 8층에 계획했다.

다음의 스케치에서 보듯 식당과 사무 공간을 외벽을 따라 배치하고, 계단실에서 연결되는 평면의 한가운데를 중정 공간으로 비워 두었다. 필요한 식당과 사무 공간의 면적에서 조금씩 빼서 마련한 공간이다. 하늘은 열려 있고, 옥상의 정원 공간도 바로 눈앞이다. 간호사들이 가장 좋아한 공간이다.

모두가 병원의 가치를 높이기 위해 제안한 공간들이다. 최대치의 용적률을 확보한 상태에서 건축 면적을 키웠다. 건물의 외형 박스가 커지면서 중간중간 공간을 비워 나갔다. 그렇게 용적률을 넘지 않는 지점을 결정했다. 물론 어느 정도 공사비가 상승하긴 했다. 면적에 포함되지 않는 빈 공간이 생긴다고 해도, 바닥이나 천장이 없다고 해도 공사비는 들어갈 수밖에 없다.

건축주 입장에서 가장 곤혹스러운 부분이다. 하지만 나무가 있는 테

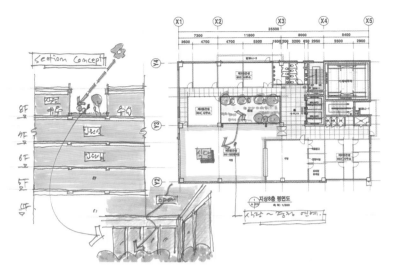

최상층 빈 공간(중정)의 스케치

라스와 천장이 오픈된 대기 홀, 그리고 중정이 있는 식당을 바라보며 우리는 이미 준공 후의 병원을 상상하고 있었다. 그만큼 새로운 공간에 대한 기대가 컸다.

다음 쪽의 그림에서 보이는 전면 부분의 두 개 층은 근린시설, 복층형의 상가 부분이다. 왼편의 주차장 출입구는 후면의 한 개 층이 높은 대지 부분과 연결된다. 오른쪽의 병원 출입구를 통해 건물에 들어서면 별도의 엘리베이터 홀을 통해 2층의 병원 메인 홀로 연결된다. 전면의 사각형 박스가 오픈된 공간, 병원의 대기 홀 부분이고 그 위의 테라스는 진료실과 병실에서 직접 사용하는 정원 공간이다. 최상층의 중정은

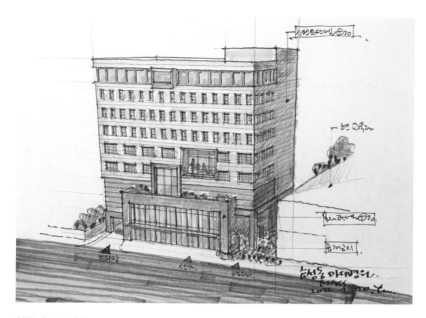

최종 매스 스케치

스케치에서 보이지는 않지만 전면 커튼월curtain wall* 유리로 식당 공간
을 특화했다. 물론 이 스케치 이후로도 숱하게 디자인이 변경되었지만,
처음 계획한 빈 공간의 컨셉은 그대로 유지했다.

시간이 지나고 드디어 그 순간이 왔다. 모든 계획안이 완료되었고,
이제 허가 도서를 꾸미고 행정 관청과 미팅하는 일, 곧 착공할 일만 남
았다. 하지만 설계부터 준공까지 얼마나 예상하지 못한 일들이 차고

• 건물의 하중은 기둥, 바닥 등으로 지탱하고, 마치 커튼을 치듯 건축 자재를 둘러 처리한
외벽 시스템.

넘치는지 알 수가 없다.

**발목 잡은
주차장법**

건축법과 달리 자치단체의 건축 조례는 나름대로 그 지역의 특수성에 기인해서 조금 더 특별한 원칙을 세워 두고 있다. 아래의 조항은 인천시, 그중에서도 오직 한곳의 구에서만 적용되는 주차장 관련 조례다.

물론 기계식 주차장 설치를 지양하는 것은 충분히 이해한다. 기계식 주차장에 차를 넣는 것도 쉽지 않은 일이며, 관리자가 없다면 주차장 사용은 불가능에 가깝다.

결국 소규모 기계식 주차장은 건물 전체의 소유자가 직접 관리하는 건물이 아니라면 쓸모를 장담할 수 없다. 지역마다 다르겠지만 아래의 조례를 적용하는 지역구는 소유권자가 나뉘어 있는 소규모 집합건축

> 제21조의 3(기계식주차장의 설치기준) 건축물의 부설주차장을 기계식주차장치로 설치하는 경우에는 다음 각 호의 요건을 모두 충족하여야 한다. 다만 「건축법」 제4조에 따른 건축위원회의 심의를 받은 경우에는 그러하지 아니하다.
>
> > 1. 기계식주차장치의 설치대수는 법정 주차대수의 10퍼센트 이하일 것
> >
> > 2. 기계식주차장치의 최소 설치대수는 30대 이상일 것
> > [본조신설 2020.11.13.]

물이 대부분인 곳이며, 이때 건물 전체를 관리하는 구조는 될 수가 없다. 관리자가 없는 기계식 주차장을 설치하면 인근 도로는 불법 주차장이 되어 갈 수밖에 없는 노릇이다.

이번 병원 설계에서 주차장은 법정 주차 대수의 120%를 자주식으로 해결했다. 타워형 기계식 주차장은 좀 더 원활한 방문객의 주차를 위해 직원용으로 추가해서 40여 대를 수용할 수 있도록 계획했다. 법정 주차 대수 외에 기계식 주차장을 추가로 설치하는 사례인데, 문제될 것이 전혀 없는 계획이었다.

위 조례를 다시 읽어 보자. 기계식 주차장의 설치 대수를 법정 대수의 10% 이하로 규정한 것은 대부분의 주차를 자주식으로 해결해야 한다는 취지이며, 부득이한 때에 한해 기계식으로 설치할 수 있다는 뜻이다. 또한 기계식 주차장 관리를 위해 최소한 30대 이상은 수용해야 한다는 취지이기도 하다.

그런데 법정 대수의 10% 이하, 30대 이상이라면 최소 주차 대수는 300대 이상이어야 한다는 말이다. 이번 병원의 규모는 법정 주차 대수 60여 대다. 스케치한 투시도에 비해 다섯 배가 큰 건물일 때에만 기계식 주차장을 설치할 수 있다는 말이 되는데, 인천의 자치구에서 그 정도 규모는 찾아보기 힘들다. 아예 두 조항은 상충하여 법적으로나 현실적으로나 적용이 불가능했고, 논리적인 모순이었다.

건축법, 특히 자치구의 조례에는 맹점이 있다. 건축가와 건축주를 예비 범법자로 보고 있다는 점이다. 안타깝고 한심한 부분이다. 어쨌든 이번 계획안의 주차장은 건축위원회의 심의를 거쳐 적용 여부를 판단하기로 했다.

문제는 일정과 시간이었다. 토지 계약 이후 건축 허가를 조건으로 은행 대출을 받아 잔금을 처리할 계획이었다. 그 기한을 명시해 놓았는데, 건축 심의 등의 기간을 추가로 계산하고 혹시라도 그 결과가 잘못된다면 낭패일 수밖에 없는 상황이었다.

결국 모든 사업 일정을 중단하고 토지 잔금을 처리하는 데 집중할 수밖에 없었다. 건축 허가를 조건으로 진행한 은행 대출을 포기하고 다른 방법을 찾아야 했고, 건축은 그 뒤의 일이 되었다. 담당 공무원은 상대를 이해한다는 표정을 지었지만, 답변은 단호했다.

"무슨 말씀인지는 충분히 이해합니다."

"저희도 기계식 주차장에 관한 조례에 무리가 있다는 건 알고 있습니다. 하지만 워낙 관리가 안 되고 법정 주차 대수만 맞춰 두고 사용을 안 하니 주차 민원도 엄청납니다. 오죽했으면 그 항목만 새로 조항을 만들어 넣었겠어요."

"저희도 도와드리지 못해 안타깝습니다. 위원회의 심의를 받아 보시는 게 어떨까요. 심의위원들도 충분히 공감할 수 있을 것 같은데요."

이미 법 적용 여부를 두고 건축과와 교통행정과를 오가며 보낸 시간이 두어 달이 다 되었다. 심의 역시 한 번에 원하는 대로 끝날 거라는 보장도 없다. 결국 인허가 접수 서류를 취하하고 토지 소유권 문제를 해결한 뒤에 정신을 가다듬고 다시 진행하기로 의견을 모았다. 좀 더 차분히 주차장 문제를 검토하기로 했다. 심의를 받아서 원안대로 갈 것인지, 계획안을 전면적으로 수정해서 기계식 주차장을 삭제할 것인지,

모든 문제를 원점에서 검토하기로 했다.

토지 소유권은 결국 이전했다. 다행이었다. 건축 허가와 함께 브릿지론(제1금융권 대출 전에 제2금융권의 고금리로 중간 대출을 발생시키는 일)으로 토지 소유권을 해결할 생각이었으나, 건축 허가 보류로 시간은 좀 걸렸지만 저금리로 해결했으니 그나마 다행이었다. 하지만 문제는 다른 곳에서 발생했다.

모든 문제를 원점에서 검토하던 그 시간 동안 건축 시장은 공사비 상승으로 요동을 쳤다. 이미 공사가 진행된 수많은 현장이 순식간에 1.5배 이상 오른 공사비를 감당하지 못하고 멈추기 일쑤였다. 건설사 입장에서 계약서대로 공사를 진행하기는 불가능했으니, 당연한 일이었다. 건축주로서도 마찬가지다. 계약 이후에 오른 공사비를 어떻게 모두 책임지고 진행할 수 있겠는가. 병원 손익계산서의 공사비도 약 200억 원이었던 것이 순식간에 300억 원 규모가 되었다.

병원장은 가슴을 쓸어내렸다.

"생각만 해도 아찔하네요."

"주차장 문제가 없었다면 허가 나고 곧바로 착공했을 텐데요. 이걸 불행 중 다행이라고 해야 하는 건지, 전화위복이라고 해야 하는 건지. 어쨌든 시간을 갖고 좀 여유 있게 생각하기로 하죠."

결국 병원은 여전히 착공하지 못한 채 빈 땅으로 남아 있다.

땅 위에 올라가는 모든 건축물은 수많은 사연 속에서 탄생한다. 건축과가 예술대학이 아니라 공과대학에 있는 이유가 있다. 무엇보다 다른 예술 분야와는 비교할 수 없는 자본이 투입되기 때문이고, 완성 이후에도 숱한 변화가 있기 때문이다. 공간을 감상한다고 하는 다른 예술 분야와는 달리 공간을 경험한다고 하는 이유도 여기에 있다.

비어 있는 공간에서 건물의 가치가 결정된다. 환자와 보호자의 새로운 공간 경험은 차곡차곡 쌓여 병원 건물의 가치를 높여 줄 것이고, 결국 그 가치는 병원의 이익으로 돌아올 것이다. 물론 산술적인 이익 외에 평가하기 힘든 무형의 이익도 우리는 이미 알고 있다. 입원실의 환자와 간호사가 만나는 영역의 중간, 그 비어 있는 경계가 그렇고, 보호자의 걱정 어린 마음을 알아채는 비어 있는 공간이 또 그렇다.

이번 병원의 공간 컨셉은 여전히 살아 있다.

도면 밖으로

건축의 모든 시간은 해 지는 저녁을 닮았다. 인디언들은 그 시간을 '개와 늑대의 시간'이라고 불렀다. 해 질 녘, 언덕 너머로 보이는 실루엣이 내가 기르는 개인지, 나를 해치려는 늑대인지 분간할 수 없는 시간. 건축의 모든 시간은 설득과 타협의 과정으로 흘러가고, 결정의 모든 순간은 선명하지 않았다. 실루엣이 선명해져 도면에 나타날 때까지 끊임없이 제안했다. 내게 건축의 모든 시간이 그랬다.

내게 건축은 무엇인가? 오랫동안 미루어 왔던 중요한 질문을 처음으로 마주했다. 스스로 가치 있다고 생각한 건축물을 위해서라면 끊임없이 제안했다. 이 어려운 환경에서 왜 멈추지 않았을까? 채택되지 못한 도면들을 바라보며 이유를 되짚었다. 힘든 과정이지만, 이 책의 끝에 분명 답이 있으리라 생각했다.

바둑을 복기하듯
왔던 길을 되돌아 가보기

바둑을 복기해 보면 어느 순간 "아!" 하는 장면이 있다. 하지만 처음부터 다시 바둑을 뒤본다 해도 판이 쉽게 바뀌지는 않는다. 나의 수뿐만 아니라 상대의 수도 차곡차곡 쌓여 왔으니, 한 수를 무른다고 해서 간단히 해결될 판은 이미 아니다. 그간의 프로젝트도 크게 다르지 않았다. 건축 관계자들의 모든 수가 서로의 수에 반응해 가며 판을 만들어 왔기 때문이다.

처음 일을 의뢰받고 현장을 답사하면 모든 프로젝트는 새롭게 다가온다. 건축의 모든 문제는 그 땅에 있고, 해법 역시 그 땅에 있다. 모든 땅과 처음 마주했을 때의 두근거림은 그래서 언제나 새롭다. 이때 나의, 건축가로서의 생각은 이 일을 바라보는 건축주의 생각을 반드시 염두에 두고 있지는 않다. 다만 프로젝트의 문제를 주어진 땅에서 해결하고 어떻게 하면 좋은 건축물을 만들 것인가 하는 생각으로 직진한다. 이 방향에 누구도 이의가 있지 않을 거라는 단순한 생각이다.

현장을 답사하고 나면 계약이나 일정의 조율도 없이 땅의 문제에 집중하고, 그 결과물을 건축주에게 제안하게 된다. 스케치 안을 들고 건축주와 마주하게 될 때, 이때 거의 모든 장면은 비슷하다. 앞으로 이 프로젝트가 대단한 일을 해낼 것 같은 장면, 나와 건축주 사이의 믿음이 생기게 되는 그런 장면이 있다. 어쩌면 건축주가 이 일을 해서 만들어야 할 결과물과, 같은 일을 하는 건축가의 결과물이 다를 수 있다는 것을 잠시 잊은 것이다.

그러나 직접적인 비용이 발생하는 순간부터 모든 것이 달라진다. 각 파트너들의 이해관계가 현실이 되면서, 건축주는 '다른 안이 더 나은 거 아닌가? 사업의 수익에 이게 최선인가?' 하는 생각에 지배되기 시작한다. 여기가 모든 것이 원점으로 돌아가거나 프로젝트가 여지없이 먼 길을 돌아갈 준비를 시작하는 지점이다.

어느 순간 건축가의 설계 의도는 어느새 온데간데없어진다. 시공사를 포함한 프로젝트의 모든 관계자들이 각자에게 단기적으로 이익이 되는 해결 방법에 집착하고 서로의 입장으로 충돌하기 시작하는 것이다. 이즈음 나는 무엇을 하고 있는가? 건축가로서 나는 건축주가 목표하는 수익률의 요구를 충족하기 위해 숱한 변경안을 새롭게 제안하는 중이다. 그 제안이 좋은 건축물을 만들기 위한 본래의 컨셉에서 벗어나지 않도록 해야 하니 더 어려운 일이다.

오직 건축주의 단기적 수익만을 위해 일한다면, 내게는 건축가로서 존재할 이유가 없어진다. 건축주의 수익을 보장하고자 하는 이유는 이 긴 여정에서 좋은 건축물이라는 결과물을 얻기 위한 필요조건이기 때문이다.

'경계의 공간'에 그리는 '경계 없는 건축'

지금까지 이 책은 여덟 가지 프로젝트에 대해서 서로 다른 이야기를 하고 있는 것처럼 보이지만, 결국 하나의 답을 말하고 있다. 많은 건축주들이 단기적인 수익이 발생하지 않는 곳에 관심이 없지만, 좋은 건축물의 가치는 바로 그곳에 답이 있다.

모든 건축물에는 수익이 직접 발생한다고 믿는 '전용의 공간'과 그 경계에서 새롭게 태어나는 '공유의 공간'이 있다. 가치 있는 건축물의 답은 경계 없이 그려진 '공유의 공간'에 있다. 경계 없이 아파트 거실 안으로 들어온 초록이 그렇고, 마을의 골목과 경계가 없어진 교회의 필로티 공간이 그렇다. 병원의 입원실을 대신해서 비워 둔 햇살 가득한 빈 공간과 기숙사의 옥상에 마련된 하늘이 열린 커뮤니티 공간이 모두 경계에서 새롭게 태어난 공간이다. 언뜻 수익과는 멀어 보이지만 그곳에서 건물의 가치는 결정된다. 누군가의 '전용의 공간'이 되는 대신 모두의 경험이 공유되는 공간이다. 그곳에서 사람들은 공간이 건네는 온도와 공기와 이야기를 들으며 자기만의 공간을 경험하게 될 것이다. 그 경험이 쌓여 결국 좋은 건축물을, 가치 있는 건축물을 만든다고 믿는다.

건축주들은 건물이 돈이 되기를 원한다. 많은 미사여구를 걷어 내면 결국 핵심은 돈에 있다. 결국 수익과 지출에 따른 의사 결정은 현장에서 여러 번 수정될 수밖에 없는 것이 현실이다. 그러니 갈수록 관계자들 모두는 각자의 수익을 위해 자기 방향으로 달리게 된다. 그 서로 다른 방향을 한곳으로 모을 수 있는 답이 그곳, '경계의 공간'에 그리는 '경계 없는 건축'에 있다.* 나눌수록 커지는 사용자 경험이 건물의 자산으로 쌓이는 그곳이며, 그래서 건축주가 그토록 원하는 수익이 장기적으로 극대화되는 그곳이다. 건물의 가치가 오르고 결국 수익이 생기는 그곳에 건축 관계자들 모두가 한 방향을 바라보는 출발선이 있다.

도면 밖으로

정리해 보면, 분양을 목적으로 하는 설계부터 병원, 호텔, 단독주택에 이르기까지 관계자들 모두에게 좋은 건축물의 기준은 언제나 같다. 첫째, 경제적으로 최선의 이익이 보장되어야 하고 둘째, 입주민과 방문자 등 사용자의 좋은 경험이 쌓여 시간이 갈수록 가치가 더 올라가는 건축물이다.

수익 보장에 가장 중요한 것은 사업 기간의 단축이다. 대부분 토지 매입부터 대출 이자 등의 비용이 발생하니 사업 기간을 최대한 줄여야 한다. 일단 시작된 프로젝트는 시간이 곧 돈이다. 그러나 사업 기간이 늘어나는 경우가 허다하다. 설계 후 허가까지, 착공 후 설계의 변경과 끝없는 커뮤니케이션의 이슈, 준공 이후 사업 완료까지의 모든 시간이 그렇다.

그래서 시간의 단축이란 시행착오의 단축을 의미한다. 불필요한 변경 과정, 번복되는 의사 결정, 커뮤니케이션 오류 등을 미리 최소화하는 것이다. 누가 할 것인가?

나는 지금까지 설계 도면 값을 받고 일해 왔다. 이 당연해 보이는 관

• 경계 없는 건축에 대한 나의 신념은 《Why: 돈, 직업, 시간 그리고 존재를 묻다》(윤지영 저)에 건축가의 사례로 자세히 수록되어 있다.

행 밖으로 한 번도 벗어나고자 한 적이 없다. 계약서를 작성하기도 전에 나는 이미 땅에 집중하고 있고, 문제를 해결해 나가는 과정에 깊숙이 들어가 있다. 이 답을 찾아내는 과정이 내게는 설렘이며 좋은 건축물을 위한 과정이다. 그러나 착공 이후 건축가의 역할은 거의 요구되지 않는다. 설계 도면에 국한된 비용을 받기로 했으니 매번 다음 프로젝트로 빨리 넘어가야 한다는 현실적인 문제도 있다.

그러나 이제 나는 알고 있다. 모든 관계자들이 서로 다른 방향으로 제각각 내달리는 게임에서 벗어날 수 있는 유일한 방법, 한 방향을 볼 수 있는 유일한 방법은 바로 내가 도면 밖으로 나오는 것이다. 답이 어디에 있는지, 좋은 건축물이 무엇인지, 어떻게 모두의 시행착오를 줄일 수 있는지, 어떻게 모든 변수를 최소화하고 건축주의 수익과 사용자의 경험 둘 다를 위한 건축물이 될지를 알고 있는 유일한 주체가 해야 할 일이다. 도면을 넘어, 건축의 전 단계를 볼 수 있는 유일한 주체인 나의 일이다.

개와 늑대의
시간을 지나

땅을 분석하고 최적의 설계 컨셉을 제안하는 것만이 아니라 그 방향이 옳다면 관계자 각각의 권리와 책임에 대해 설득하고 동의하는 일부터 시작할 것이다. 이 역할을 책임지기 위한 현실적인 준비도 필요할 것이다. 건축주와 계약의 범위와 권한, 책임을 먼저 명확히 하는 일이다. 이 당연해야 하는 과정이 그동안 참 어려웠다. 그러나 오직 거기가 온전하고 유일한 출발점이라는 것을 안다. 그렇게 한 방향으로 달려가서 도착한 곳은 결국 그 땅이 갖고 있는 가치가 극대화되는 지점일 것이다.

　건축의 모든 시간이 해 지는 저녁을 닮은 것은 그만의 이유가 있다. 관계자들이 어떤 실루엣으로 다가오고 있는지 알지 못하니 그 시간이 선명하지 않은 것이다. 그 시간은 모든 건축 관계자들이 한곳에 모이는 시간이기도 하다. 한 방향을 바라보는 출발점에 섰다면, 이제 나와 독자 모두 선명한 건축의 시간에 선 것이다.

　사무실 벽면에는 오래된 메모지가 붙어 있다. 문득 이 메모의 의미를 비로소 읽는다.

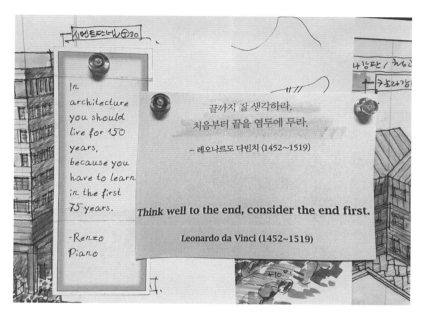

"끝까지 잘 생각하라. 처음부터 끝을 염두에 두라."

그렇다. 끝까지 잘 생각하라. 처음부터. 한 방향을 바라보는 '모두의 끝'을 염두에 두라.

마음만은 건축주

땅과 공간에 관한 어느 건축가의 이야기

초판 1쇄 발행 | 2025년 1월 6일

지은이 | 윤우영

펴낸이 | 한성근
펴낸곳 | 이데아
출판등록 | 2014년 10월 15일 제2015-000133호
주   소 | 서울 마포구 월드컵로28길 6, 3층 (성산동)
전자우편 | idea_book@naver.com
페이스북 | facebook.com/idea.libri
전화번호 | 070-4208-7212
팩   스 | 050-5320-7212

ISBN 979-11-89143-53-4 (03540)

이 책은 저작권법에 따라 보호받는 저작물입니다. 무단 전재와 무단 복제를 금합니다.
이 책 내용의 일부 또는 전체를 이용하려면 반드시 저작권자와 출판권자의 동의를
얻어야 합니다.

책값은 뒤표지에 있습니다. 잘못된 책은 구입하신 곳에서 바꿔드립니다.